CARL-CHRISTIAN ELZE
Oda und der ausgestopfte Vater

Zoogeschichten

01

01 _ Dr. Karl Elze mit Sibirischem Tigerkind

CARL-CHRISTIAN ELZE

Oda und der ausgestopfte Vater

Zoogeschichten

Fellhöhle	7
Oda	17
Rhani	27
Noch mehr Elefanten	37
Löwenparallelität	49
Meerschweinchenkeller	57
Meerschweinchengeburt	69
Tierklinik	87
Zootiere – meine Patienten	99
Zoomenschen	121
Zirkus	141
Weiße Wölfe	155
Hund	159
Nachwort	161
Kleine Literaturliste	171
Abbildungsverzeichnis	172
Impressum	175

02

02 _ Frau Dr. Elze mit Sibirischem Tigerbaby im Zoo Leipzig

Fellhöhle

»Oda« hieß die unangefochtene Lieblingslöwin meines Vaters. Ich kann nicht sagen, wie lange Oda im Leipziger Zoo unter der tierärztlichen Fürsorge meines Vaters gelebt und Löwenkinder geboren hat, aber sie muss eine Art Übermutter gewesen sein. Nicht nur, dass sie in 13 Würfen 45 Löwenkindern das Leben schenkte, sie war auch noch zusätzlich als Superamme im Einsatz. Gab es irgendwo Probleme beim Stillen, gab es eine erstgebärende Löwenmutter, die, wie es nicht selten vorkam, von der ganzen »Kindersache« überfordert war, dann konnte man Oda das fremde Kleine neben ihre eigenen Kinder an die Brust legen und es wurde auch noch satt.

Einmal, erzählte mir mein Vater, musste Oda sogar als Amme für einen Wurf Tigerbabys herhalten, denn neben den berühmten Leipziger Löwen wurden auch Sibirische Tiger über viele Jahrzehnte sehr erfolgreich im Leipziger Zoo gezüchtet. Die kleinen, hungrigen Sibirischen Tigerbabys, die ihre schwarzen Streifen in ihrem dichten gelben Fell nicht verleugnen konnten, wurden mit Löwenurin eingerieben, um zumindest ein wenig den Eindruck von Löwenkindern zu erwecken.

Gerne würde ich meinen Vater heute fragen, wie Oda damals auf die löwenpipiriechenden Streiflinge reagiert hat, ob sie zumindest kurz irritiert war und gezögert hat, bevor sie fünf gerade sein ließ, aber die Chance ist leider verpasst, denn mein Vater ist längst gestorben und somit dort, wo auch Oda ist, an einem unbekannten Ort. – Alles, was ich noch weiß, ist, dass er mir erzählte, die ganze Sache sei damals völlig reibungslos verlaufen: Oda habe die Tigerbabys gesäugt wie ihre eigenen Kinder. Wahrscheinlich war sie über Jahre hinweg in einem ununterbrochenen Hormonrausch gewesen, in einem ununterbrochenen Geburts-und-Milch-Rausch, denk ich mir heute. Aber nicht nur Oda war es so ergangen, im Grunde muss es allen erfolgreichen Löwenmüttern der »Leipziger Löwenfabrik« so ergangen sein. Und trotzdem war Oda die Königin von allen, die Oxytocin-Königin, denn gestreifte Löwenbabys zu stillen, das hatte nur sie allein fertiggebracht.

Ich selbst habe die fabelhafte Oda nie persönlich kennengelernt, ich kenne sie nur, seit ich denken kann, aus Erzählungen und von einem

Schwarz-Weiß-Foto, aber vor allem als großes sandfarbenes, ganz eigen riechendes Fell, das erst im Wohnzimmer meiner Kindheit und dann in verschiedenen anderen Leipziger Wohnungen lag, in denen ich es ausgebreitet hatte, um mich heimisch zu fühlen. Nach dem Tod meines Vaters wurde ich der Erbe des Oda-Felles, wohingegen mein älterer Bruder das Fell eines männlichen Löwen erbte. Die Fell-Erbschaft beschränkte sich aber nicht nur auf zwei Löwenfelle, sondern war wesentlich umfangreicher, denn mein Bruder und ich sind in einer Art Fellhöhle aufgewachsen. Überall, vor allem im großen Wohnzimmer unserer Kindheitswohnung, lagen Felle herum oder hingen Felle an den Wänden. Ein unwissender Besucher hätte den Eindruck gewinnen können, im Hause eines DDR-Großwildjägers gelandet zu sein, so exotisch und vielfältig waren die Fellzeichnungen, die sich von der weißen Raufasertapete und vom hellbraunen Fischgrätenparkett abhoben wie gepunktete und gestreifte und tausendfach verzierte flache Schatzkisten. Mein Vater hatte um jedes einzelne Leben seiner ihm anvertrauten Zootierpatienten gekämpft, hatte in seinen mehr als 30 Jahren als Leipziger Zootierarzt bestimmt Hunderte, wenn nicht gar Tausende Kämpfe auf Leben und Tod ausgefochten, hatte sehr viele dieser Kämpfe gewonnen, aber eben auch einige verloren. Und wenn er verlor, dann suchte er Trost und Erinnerung in den Fellen. Dann suchten die Menschen der DDR-Zoos – die Direktoren, Tierärzte und Tierpfleger – Trost und Erinnerung in den Fellen. Das war auch der Grund, warum die Fellhöhle meiner Kindheit mit den Jahren immer felliger wurde – das Leben kam und ging im Leipziger Zoo, so wie es auch im normalen Nicht-Zoo-Leben kam und ging, wo Brüderchen und Schwesterchen geboren wurden und Omas und Opas starben.

Die größte Felldichte der Kindheitswohnung lässt sich vielleicht annähernd so beschreiben und inventarisieren: Es gab zwei Löwenfelle (1 × Oda und 1 × ein männlicher Löwe mit stattlicher Mähne, dessen Namen ich nicht mehr kenne; beide unterhalb des Fernsehers liegend), zwei Felle von ausgewachsenen Sibirischen Tigern (über den gelbsamtenen Sofalehnen hängend), einen Leoparden (mit präpariertem Kopf, wunderbaren bernsteinfarbenen Glasaugen und sehr langen Schnurrhaaren; an der Wand hängend), ein Schwarzbärfell (nicht groß, aber ein Problemfell: Mehrere Generationen von Elze'schen Haushunden liebten oder hassten genau dieses Fell und pinkelten und schissen oder erbrachen sich regelmäßig darauf), ein Przewalskipferdfell (also ein echtes Urwildpferdfell, wie ich meinen Freunden bei den von mir gerne durchgeführten Wohnungsbegehungen immer wieder versicherte), ein Zebrafell (von dem Fohlen »Christian«, das nach mir benannt worden war: ein Grevyzebrakind, dem ich mein Herz geschenkt hatte und das später an einer schweren Durchfallerkrankung gestorben war), ein Ozelotfell (klein, aber fein, und besonders wertvoll, wie mein Vater immer betonte), ein Nebelparderfell (vielleicht das schönste Raubkatzenfell der Welt: eine Mischung aus Punkten, Streifen und plattenartigen Mustern), dann Ziegenfelle, Schaffelle und noch vieles Kleinere mehr, denn auch verstorbene Haustiere (vor allem Meerschweinchen) wurden im Hause Elze zu Erinnerungszwecken auf verschiedene Weise präpariert und aufbewahrt: entweder als kleine, taschentuchgroße Felle oder als mehr oder weniger verschrumpelte, mit Holzwolle ausgestopfte und mit Glasäuglein versehene Ganzkörperpräparate.

Zusätzlich gab es in der Fellhöhle noch andere zoologische Objekte, die von Besuchern ebenso bestaunt wurden: zum Beispiel ein Ohr von einem afrikanischen Elefanten (aufgehängt über der großen Wohnzimmertür), der hohle Fuß eines Flusspferdes (den ich mir gern als Hut beziehungsweise Hutskulptur auf den Kopf setzte, und der genau passte, so dass ich ihn nicht mit den Händen festzuhalten brauchte), Elefantenbackenzähne und Elefantenrippen, eine ausgestopfte Rieseneidechse, ein Straußenei, kopfsteinpflastergroße Nierensteine von Pferden, ein ungeborenes, mumifiziertes Ferkel und noch etliches mehr.

Selbst in unserem Kohlenkeller befanden sich weitere Knochen, wie mir mein Bruder erst neulich versicherte. Er sprach von einem Sack voller Knochen. Ich selbst habe diesen Sack niemals gesehen. Mein Bruder meint, es liege daran, dass ich als Kind nie Kohlen holen musste, aber das stimmt nicht – ich habe sehr wohl unter Todesangst Kohlen geholt. Ich denke eher, es lag daran, dass mein Vater den Knochensack irgendwann in Sicherheit brachte, und zwar vor meinem Bruder. Dieser hat es selbst zugegeben, dass er sich jahrelang unerlaubt aus genau diesem Knochensack bediente, um Knochen gegen Schlümpfe und andere begehrte Spielsachen einzutauschen. Mein Vater kriegte es irgendwann raus, als einige »Geschäftspartner« meines Bruders ihrer Freude und Begeisterung Ausdruck verliehen und sich auch bei ihm für die schönen »wilden Knochen« bedankten. Neben zahlreichen Elefantenrippen hatte mein Bruder auch einen wertvollen Brustwirbel eines Elefanten eingetauscht, was das Fass zum Überlaufen brachte. Der Brustwirbeltausch musste rückgängig gemacht werden.

Heute ist meine Wohnung bis auf Odas Fell fellfrei, nachdem sie viele Jahre nach dem Tod meines Vaters mehr oder weniger fellig gewesen war. Ich brauche eine gewisse Fellpause, merke ich, aber alle Felle werden sorgsam aufbewahrt. Und dennoch ist es ein Kampf geblieben: zwar nicht mehr um das Leben der ursprünglichen Fellbesitzer, wie ihn mein Vater geführt hat, aber um die Felle selbst, die ganzjährig von Motten angegriffen werden, wobei schon einige Quadratzentimeter unwiederbringlich verloren gegangen sind. Auch das Fell von Oda hat gelitten, am Schwanz und am Kopf, vor allem an den Ohren, aber es ist immer noch zauberhaft schön: sandfarben, mit wenigen braunen Punkten an den helleren Flanken – und es hat sich seinen unverwechselbaren, leicht muffigen, aber dennoch angenehmen Geruch erhalten. Obwohl mein Bruder das Fell eines prächtigen Löwen mit typischer Leipziger Zuchtmähne geerbt hat, bin ich noch immer froh darüber, dass ich Oda bekommen habe, zwar ohne Mähne, aber dafür voller Zauberhaare – wie ein fliegender Teppich zurück in die Kindheit. Und mittlerweile kommt es mir sogar so vor, als ob Odas Fell auch ein Stück meines Vaters wäre, das ich gegen die Motten verteidige, auch wenn ich den Kampf wahrscheinlich am Ende verlieren werde, oder erst mein Sohn oder mein möglicher Enkel ihn verlieren wird. Aber was solls: Im Moment ist Oda noch da und somit auch ein Stück meines Vaters, ihres größten Bewunderers unter den Menschen.

An dieser Stelle fällt mir ein, dass ich als Zehnjähriger meinen Vater einmal in meine Pläne einweihte, was ich mit ihm machen wolle, wenn er tot sei. Ich sagte ihm, dass ich ihn ausstopfen lassen würde, um ihn in der Wohnung aufzustellen. Es war eine Art Liebeserklärung und er verstand es sofort und lächelte. Dann wurden wir praktisch: Er fragte mich, wo genau ich ihn aufstellen würde, und ich überlegte eine Weile, weil ich noch nicht genügend darüber nachgedacht hatte. Schließlich kam meine Antwort: Im Flur – damit ich ihn beim Hereinkommen immer gleich sehen könne. Diese Antwort machte ihn zufrieden und glücklich, das war zu erkennen.

Als mein Vater an einem sonnigen und warmen Frühlingsnachmittag im Mai 2001 während der Geburtstagsfeier einer Kollegin mit 68 Jahren in seinem früheren Arbeitszimmer in der Leipziger Tierklinik, wo er neben dem Zoo zeitlebens gearbeitet hatte, plötzlich umfiel und starb, ging ich gerade im Berliner Zoo, wo ich ein Praktikum machte, spazieren oder saß dort auf einer Bank und ließ mir die Sonne ins Gesicht scheinen. Nach seinem Tod fuhr ich nach Hause und alles kam ganz anders als einstmals im Universum eines Zehnjährigen erdacht. Es kam nicht dazu, dass ich meinen Vater ausstopfen ließ, auch wenn es damals schon Gunther von Hagens' »Körperwelten« gab und der »Meister der Plastination« beziehungsweise der »Joseph Beuys für Nekrophile« emsig nach Leichen suchte für seine Ausstellungen, die um die Jahrtausendwende wie leblose Wanderzirkusse durch die Welt zogen. Aber zu Hause im Flur würde er niemals stehen können, mein Vater, das wurde mir damals mit 27 vollkommen klar. Ich ließ es geschehen, dass er eingeäschert und auf dem Leipziger Südfriedhof begraben wurde, und legte anstelle von ihm das Fell von Oda in den Flur meiner neuen Wohnung. – Es dauerte nicht lange und ich hatte das Gefühl, dass sich jemand freute. Jemand, der nicht ich war.

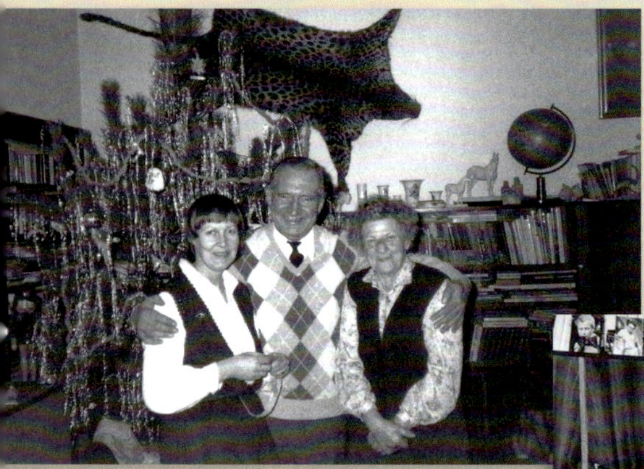

03

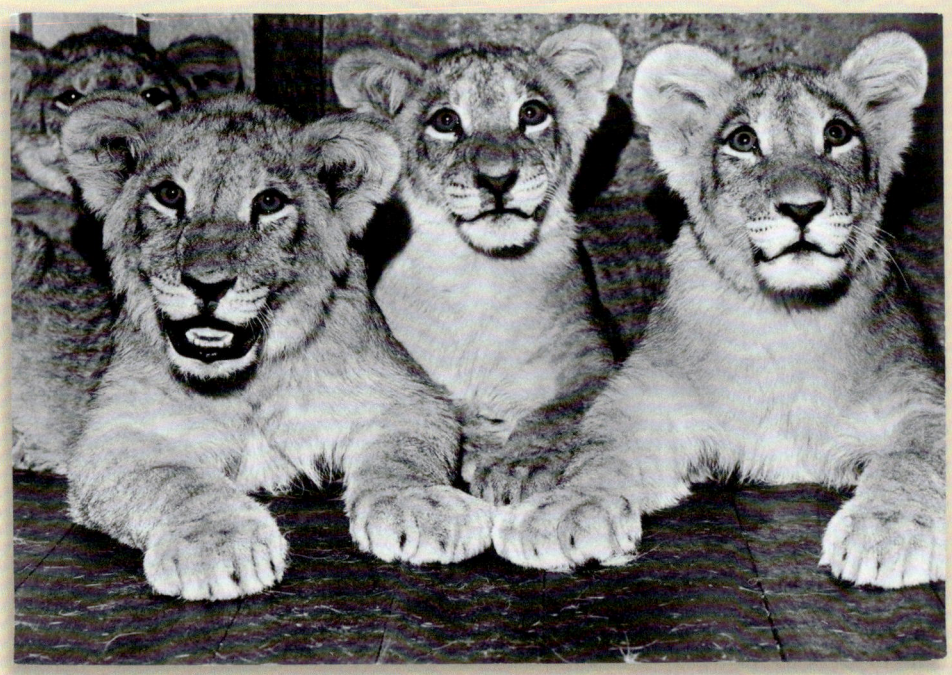

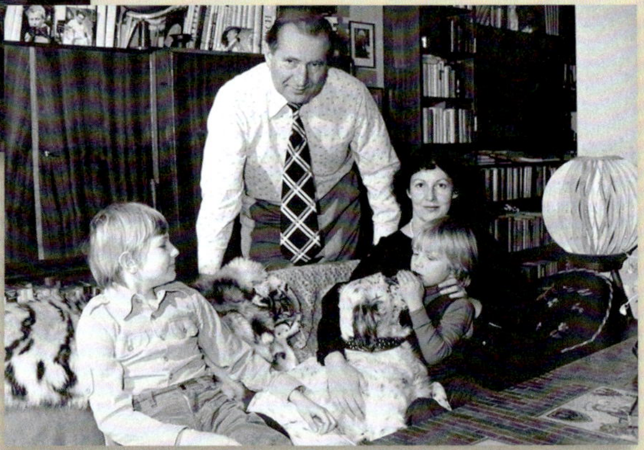

04

05

03 _ Weihnachtsfellhöhle
04 _ Fellhöhle
05 _ Junglöwen im Zoo Leipzig, Postkarte

06

07

08

06_Kontaktaufnahme: Dr. Karl Elze mit Sibirischen Tigern

07–09 _ Leopardenspaziergang im Zoo Leipzig
10 _ Dr. Karl Elze mit Giraffenkind im Zoo Leipzig
11 _ Der junge Karl Elze

Kleine Erinnerungen an Heinrich Leutemann 193

Eine Löwenmutter. Nach der Natur gezeichnet von H. LEUTEMANN.

13 Leipziger Zoo

12_Eine Löwenmutter, Tierzeichnung von Heinrich Leutemann

13

13 _ Die Löwin »Oda« mit drei Jungtieren im Zoo Leipzig, um 1972

Oda

Glücklicherweise bin ich in einem Buch auf einen zoologischen Beitrag meines Vaters gestoßen, wo er vom Beginn seiner Freundschaft mit der Löwin Oda berichtet. Vielleicht hatte er mir die Geschichte dieses Beginns schon einmal als Kind in aller Ausführlichkeit erzählt, aber ich konnte mich nicht mehr daran erinnern. Das Buch trägt den Titel »Mit dem Tier auf Du und Du« und ist 1988 im VEB E. A. Seemann Verlag in Leipzig erschienen. Es wurde vom damaligen Leipziger Zoodirektor Professor Siegfried Seifert herausgegeben. Für mich ist es ein wunderbares Buch, nicht nur, weil es mich meinem Vater und seiner Lieblingslöwin näherbringt, sondern auch, weil es 82 Tierzeichnungen des großartigen Tiermalers Alfred Will enthält, der, wie ich finde, zeichnerisch in die Seele der Tiere zu blicken vermochte. Außerdem gibt es in diesem Buch zoologische Beiträge von einigen der damals bekanntesten Zoodirektoren und Zootierärzte Europas. Auch wenn nach dem Ende des 2. Weltkrieges der Kalte Krieg zwischen den Blockstaaten weiterklirrte, so waren doch alle »Zoomenschen« aus Ost und West eine große Zoo-Familie geworden, die zusammenhielt und sich seit 1959 jedes Jahr abwechselnd in einem sozialistischen und einem kapitalistischen Land zum Symposium traf, um die gemeinsame Arbeit und das gemeinsame Leben zu feiern. Doch dazu später mehr. Zunächst möchte ich meinen Vater zu Wort kommen lassen, denn alles, was er selbst erzählt von seiner Lieblingslöwin, erscheint mir viel aussagekräftiger als meine eigenen, mehr oder weniger felligen Erinnerungen.

»Am 15. Oktober 1880 erblickten in der Messestadt Leipzig die ersten Löwenbabys das Licht der Welt. Bis zum heutigen Tag muss ab und an ein Jungtier, besonders von Erstlingsmüttern, die noch nichts Richtiges mit ihren Babys anzufangen wissen, künstlich aufgezogen werden. Dieses Los fiel auch einem am 30.09.1961 von ›Ossy II‹ geborenen Löwenmädchen zu. Es war sieben Tage alt, als nachts gegen 0.30 Uhr bei mir das Telefon klingelte. Fräulein von Einsiedel, die ›Löwenvizemutter‹, war am Apparat:

›Unser Löwenmädchen ist nicht in Ordnung! Es trinkt nicht, ist ganz schlaff, hat ein gespanntes Bäuchlein, der Kot ist dünnflüssig und etwas schäumend und gärend!‹

›Ich verstehe, ich bin in 10 Minuten da!‹

Aufstehen, anziehen, ins Auto einsteigen, am Zoo sein – ist eins! Da sitzen wir nun und halten das 1.450 g schwere Löwenkind in den Händen. Das telefonisch übermittelte Krankheitsbild ist noch das gleiche. Es liegt nahe, dass es sich um eine Koli-Infektion, eine sehr gefürchtete Neugeborenenerkrankung, handelt. Wir wissen um den Ernst der Situation und führen sofort die erforderlichen Behandlungen durch. Danach ist Ruhe angezeigt. Das Löwenkind atmet schwer. Mir ist auch ganz warm.

›Wie viel Grad haben wir?‹

›24° C.‹

›Vielleicht sollten wir ein wenig das Fenster öffnen, das Löwenmädchen braucht sauerstoffreiche Luft.‹

Dann Stunden des Wartens. Wir sehen und lauschen in das Löwenkind hinein. Da, die Atmung beruhigt sich. Das Löwenbaby schläft tief und ruhig. Es krampft nicht mehr. Fräulein von Einsiedel kocht Fencheltee. Wir wollen keine Milch geben, aber auf Flüssigkeitszufuhr kommt es jetzt an, hoffentlich trinkt das Baby ein wenig. Gegen 5.00 Uhr quäkt es leise. Auf der Hand der Vizemutter tritt unser Patient ein wenig mit den kleinen zarten Tatzen nach vorn. Was ist das? Wir schauen uns an. Lächeln auf beiden Seiten. Soll das ein ›Milchtritt‹ sein? Wenn die Kleinen an der Mutter trinken, stemmen sie gewöhnlich die Vorderbeine gegen das Gesäuge, um den Milchfluss zu beschleunigen. In unserer Situation ist dies ein Zeichen der erhofften Genesung. Mühsam nimmt das Junge in den erfahrenen Händen der Vizemutter einige Schlucke Tee aus der Flasche. Das reicht schon; der kleine Patient soll weiterschlafen. Über zwei Tage geht es zwei Schritte vorwärts und einen Schritt zurück im Heilungsverlauf. Nach einem weiteren Tag haben wir wieder größere Hoffnung. Hoffnung ist übrigens immer notwendig, wenn man Heilerfolge erzielen will. Stets sollte man beharrlich unter Ausschöpfung aller Möglichkeiten und im Vertrauen auf die natürliche Widerstandskraft des Patienten kämpfen.

Wenn auch noch etwas wechselhaft, so geht es bei unserem Löwenmädchen nach dem dritten Krankheitstage doch deutlich aufwärts.

Ab dem sechsten Tag nach Krankheitsbeginn kommt wieder stärkerer Appetit auf.

Keiner von uns ahnte in diesen Tagen, welche bleibende Bedeutung für die heute einhundert Jahre alte und bewährte Löwenzucht des Zoo Leipzig der Erfolg dieses Einsatzes haben sollte. Nach seiner Krankheit wurde das Kleine noch anschmiegsamer und benahm sich, als es richtig laufen konnte, so zahm wie eine Hauskatze. Es wurde ein bildhübsches ›Löwenfräulein‹, das in Leipzig blieb und nicht in die ferne Welt wanderte wie aberhundert andere in Leipzig geborene Löwenkinder vor ihm.

Die Löwin war groß im Rahmen, von mittlerem Kaliber, korrekter Beinstellung, eleganter geschwungener Rückenlinie, breitem Becken, grazienhafter Haltung und wirklich schönem Ausdruck bei stets freundlichem Verhalten. Jedoch, sie war völlig auf den Menschen geprägt! Jetzt tauchten natürlich aus der tiergärtnerischen Erfahrung heraus berechtigte Bedenken auf. Wird diese vom Typ, der Form und Schönheit her so sehr der alten Leipziger Löwenzucht entsprechende Junglöwin noch zur Zucht verwendbar sein? Oder wird sie – wie das bei handaufgezogenen Katzen oft der Fall ist – ihren arteigenen Partner gar nicht annehmen und sich ans Gitter zu den Menschen flüchten? Nun ja, wir würden sehen.

Unsere von allen Mitarbeitern des Zoos geliebte, nach wie vor handzahme Junglöwin wurde geschlechtsreif und ihre Löwenhochzeit stand bevor. Und sie wurde mit Erfolg begangen! Trotz ihrer Vertrautheit mit uns Menschen nahm die Löwin den Kater an und glücklicherweise empfand auch er Zuneigung für die ihm zugedachte Partnerin.

Dieses Lieblingstier von mir war die durch ihre vorzügliche Zucht- und Aufzuchtleistung im Leipziger Zoo so berühmt gewordene Löwenzuchtmutter ›Oda‹. In 13 Würfen gebar sie 45 Löwenbabys. Dabei brachte sie ihren eigenen Löwenkindern, den ihr als Amme angesetzten Tigerkindern sowie uns, den ihr vertrauten Menschen, stets die gleiche Zuneigung entgegen. Oda war eine einmalige Löwenpersönlichkeit, die das zwischen Menschen und ihr im Babyalter geschlossene ›auf du und du‹ bis zu ihrem Lebensende verlässlich bewahrte. Selbst in Zeiten der vollen Auslastung mit Säugen, Pflegen und Erziehen von eigenen Jungtieren blieb Oda mir immer zugewandt.«

Unzählige Male habe ich als Kind meinen Vater in den Leipziger Zoo begleitet, so oft, dass es mir manchmal auch langweilig wurde und ich keine Tiere anschauen wollte, sondern nur mit dem Karussell fuhr. Was aber immer aufregend war und nie langweilig wurde, waren die quäkenden und leise fauchenden Kinderstuben, die jedes Jahr aufs Neue mit Löwen- und Tigerkindern gefüllt waren. Eigentlich müsste man von Löwen- und Tigerknästen sprechen, so eng und von allen Seiten vergittert ging es im alten Leipziger Zoo zu, aber der Gedanke eines Tiergefängnisses kam mir als Kind dennoch nicht in den Sinn. Dafür hätte ich ja auch denken müssen, dass mein Vater ein Gefängnistierarzt sei, aber das dachte ich nie.

Ein gemeinsamer Arbeitsbesuch mit meinem Vater im Leipziger Zoo lief im besten Falle so ab: Mein Vater ging auf Visite, klapperte den Zoo nach kranken Tieren ab und war im Dauergespräch mit Tierpflegern und anderen Kollegen, während ich selbst im Wirtschaftshof blieb und unter Aufsicht einer Löwenvizemutter mit den neuesten »Flaschenkindern« spielen durfte und ihnen das Fläschchen gab. Früher hatte es noch Oda gegeben, die helfen konnte, dass alle Raubkatzenbabys satt wurden, aber zu meiner Zeit in der »Leipziger Löwenfabrik« gab es schon längst keine Oda mehr, und alle Vizemütter waren Menschen: Tierpfleger und Tierpflegerinnen und das Fräulein von Einsiedel. Letztere wurde tatsächlich von allen Zoomitarbeitern »Fräulein« genannt – aber in größtmöglichem Respekt. Ingeborg von Einsiedel verkörperte auch für mich als Kind in vollkommener Weise die Gelassenheit und Eleganz eines jahrhundertealten Adelsgeschlechtes. 1917 in Leipzig geboren, hatte sie nach dem Besuch der Volks- und Höheren Mädchenschule an der Hochschule für Grafik und Buchkunst Grafik studiert und bereits dort großes Interesse für Tiere und Tierstudien gezeigt. Der Leipziger Zoodirektor Karl Max Schneider, der die Kunstschüler der HGB zum Thema »Form und Verhaltensweisen der Tiere im Zoo« unterrichtete, wurde auf sie aufmerksam und holte sie später in den Zoo. Dort wurde sie im Laufe der Jahre zu seiner engsten Mitarbeiterin, führte unter anderem die Tierbücher und die Veterinärkartei, war für die Beschilderung der Tiergehege verantwortlich, arbeitete in der Zooschule (wo ich ihr regelmäßig begegnete) und war letztlich auch eine großartige Löwenvizemutter. Inzwischen gibt es sogar einen literarisch/

künstlerischen Ingeborg-von-Einsiedel-Preis, der alljährlich ausgelobt wird.

Aber zurück zur Löwenfabrik. Sobald mein Vater auf Visite war, wurde ich zum Spielkameraden und Ersatzbruder von Löwen- und Tigerkindern, denen andere Spielkameraden abhandengekommen waren. Auch wenn sie scharf rochen und fauchten und mich sofort lustvoll mit ihren kleinen, spitzen Zähnchen und ausgefahrenen Krallen malträtierten, so gehören doch die Stunden, die ich mit ihnen zusammen sein durfte, zu den glücklichsten Stunden meiner Kindheit. Die Flaschenkinder waren zunächst die größten Kümmerlinge gewesen, winzige Fellbatzen, die nicht oft genug die Zitze gefunden hatten oder von ihren dickeren und kräftigeren Brüdern und Schwestern zu oft von der »Milchbar« weggedrängt worden waren. Doch von Kümmerlingen war nach einigen Wochen Flaschenaufzucht meist nichts mehr zu sehen – die Kleinen blickten zufrieden in die Welt, hatten pralle, helle Bäuche und fauchten und hoben ihre Tatzen, die schon so groß wie Erwachsenenfäuste waren. Und sie alle liebten es, auf meinem Schoß zu sitzen und mich dabei anzupinkeln oder sich beim Toben an meinen Beinen hochzustemmen und an meinen Kniescheiben herumzuknabbern. Wenn mein Vater von seiner Visite zurückkam, meist nach einer Stunde, war ich grundsätzlich völlig zerkratzt und zerbissen, aber auch vollkommen glücklich. Meine Hände und Beine hatten rote Punkte und Striemen, aber alle Punkte und Striemen kamen mir vor wie Auszeichnungen. Was sie im Grunde ja auch waren: Auszeichnungen für geduldiges Spielen mit einsamen kleinen Raubkatzen.

Selten wurde mir bewusst, dass trotz aller Fürsorge einige der Löwen- und Tigerkinder ihre Kindheit nicht überlebten. Sie starben meist an Durchfallerkrankungen, die ihnen schnell alle Kräfte geraubt hatten. In meiner Schulzuckertüte, die ich 1980 stolz und glücklich zur Einschulung in die Leipziger Kliment-Jefremowitsch-Woroschilow-Oberschule in den Händen hielt, gab es neben Unmengen an Süßigkeiten und Stiften und einem ersehnten Pelikan-Füllfederhalter auch ein winziges Tigerfell – das Fell eines kleinen Spielkameraden, das mir mein Vater hineingesteckt hatte. Auch wenn ich mich noch so anstrenge, in Erinnerung zu bringen, was ich damals fühlte, als ich es weich und augenlos aus der Zuckertüte herauszog, und ich mich frage, ob es zumindest gemischte Gefühle waren, Stolz und Trauer zugleich, so komme ich doch nicht wirklich zu einem Ergebnis. Tief im Innern glaube ich es aber flüstern zu hören, dass ich mich ausnahmslos freute über dieses kleine gestreifte Fell und den Tod beiseitewischte an diesem Jubeltag, dem ich mehr entgegengefiebert hatte als jedem Weihnachtsfest.

Das kleine Tigerfell habe ich sehr lange als meinen größten Schatz betrachtet und behütet, denn es war im Unterschied zu den anderen, großen Raubkatzenfellen mein erstes eigenes Fell in der Kindheitswohnung. Später kam noch das von »Christian«, dem Grevyzebrakind, dazu, als ich 10 Jahre alt war. Letzteres habe ich irgendwann meinem eigenen Sohn geschenkt, als er noch klein war und noch nicht zur Schule ging. Aber mein erstes Fell, das Tigerkindfell, ist spurlos verschwunden. Ich kann mir bis heute nicht erklären, wo es geblieben ist, obwohl es doch so viele Jahre das bestbewachte Fell dieses Universums war.

14

15

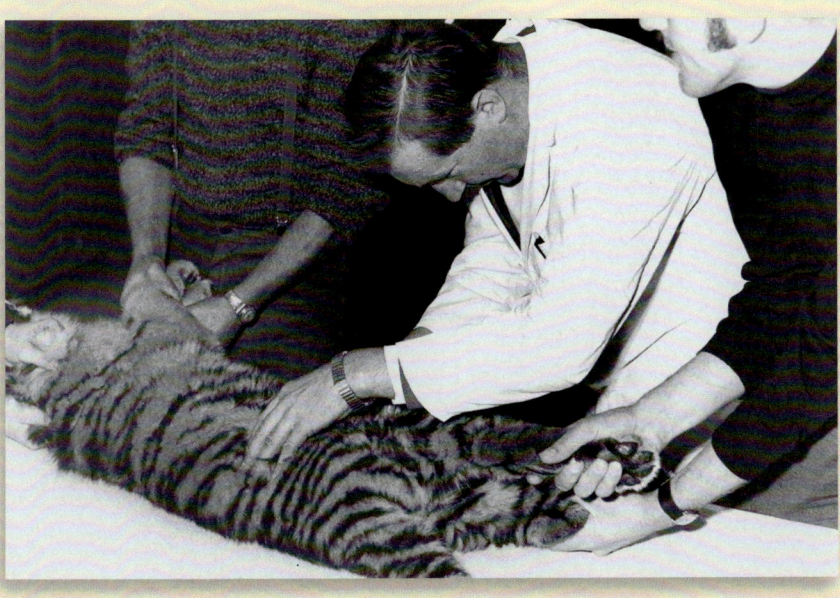

16

14 _ Leopard, Tierzeichnung von Alfred Will
15 _ Männlicher Löwe, Tierzeichnung von Alfred Will
16 _ Tigeruntersuchung im Zoo Leipzig

17_ Oberinspektor Albert Taatz mit zwei Junglöwen im Zoo Leipzig
18_ Dr. Karl Elze mit Tierpfleger und Leopardenbaby im Zoo Leipzig

19

20

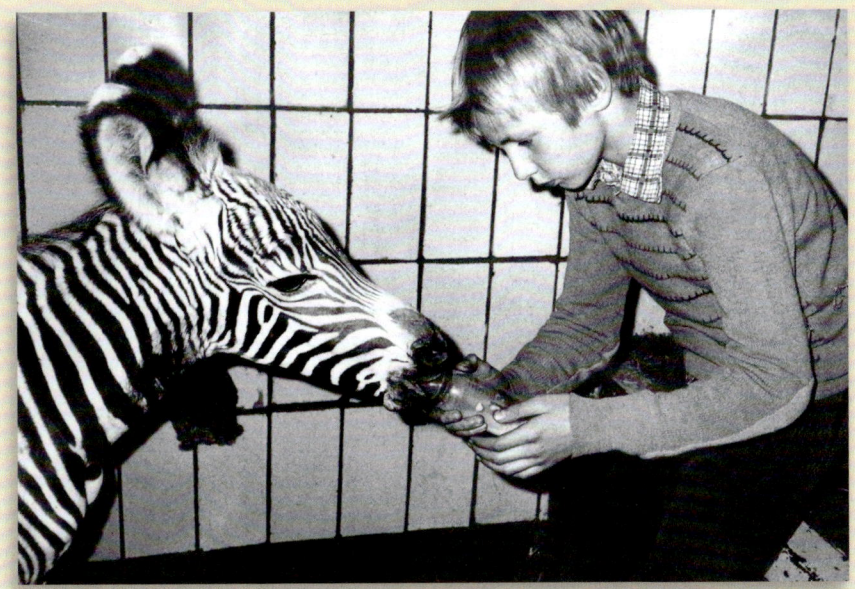

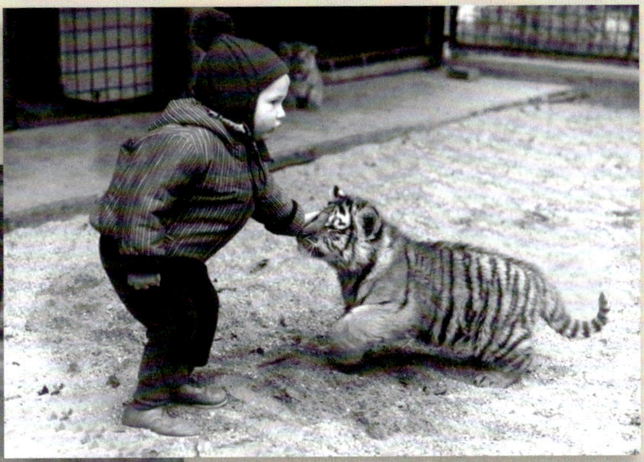

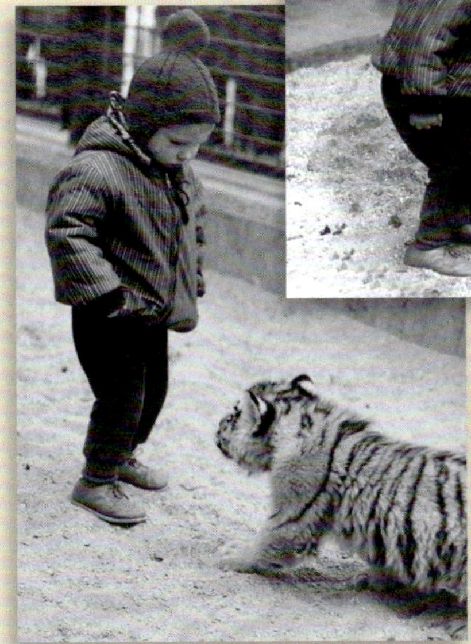

21

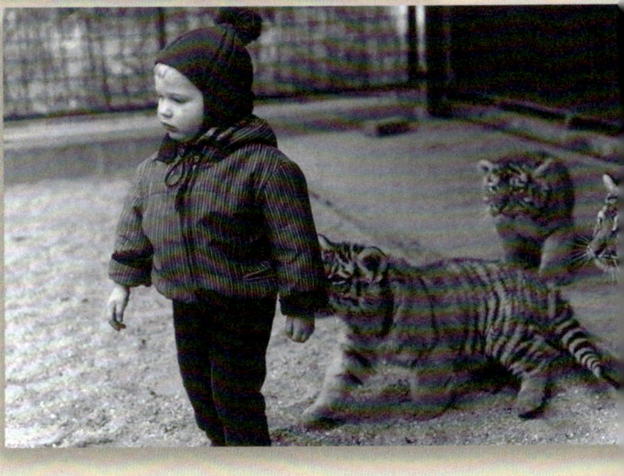

22

19 _ Carl-Christian Elze mit Grevyzebrakind »Christian«
in der Tierklinik Leipzig, um 1984
20–22 _ Robert Elze in der Leipziger »Tigerfarm«, um 1971

23 _ Am 17. November 1980 fiel die Elefantin »Rhani« in den Absperrgraben der Elefantenanlage und konnte nur mit Hilfe von Feuerwehr und Kran aus ihrer misslichen Lage befreit werden

Rhani

Mein Vater hatte nicht nur eine Lieblingslöwin im Leipziger Zoo, er hatte auch eine Lieblingselefantenkuh. Sie hieß »Rhani«. Rhani lebte seit 1956 in Leipzig und war ein echter Wildfang, was nicht heißt, dass sie wild war, sondern dass sie noch in der Wildnis geboren und dort auch gefangen worden war.

Wie so oft entstehen besonders enge Bindungen zwischen zwei Menschen, aber auch zwischen einem Menschen und einem Tier, wenn es einmal eine schwierige Zeit gab, die man gemeinsam durchleben musste. Im Fall der Löwin Oda war es eine gefährliche Neugeborenenerkrankung, die mein Vater und Oda gemeinsam besiegt hatten, im Fall von Rhani war es eine nicht minder gefährliche Erkrankung gewesen. Fünf Tage lang waren mein Vater und die damals noch jugendliche Elefantenkuh ans Krankenlager gefesselt, was in diesem Fall ein roter Klinkerbau, genauer gesagt das Leipziger Dickhäuterhaus war.

An dieser Stelle fällt mir ein, dass mein Vater sich immer vehement gegen den Begriff »Dickhäuter« in Bezug auf Elefanten gewehrt hatte. Elefanten haben eine ähnlich dünne Haut wie Kühe, betonte er immer bei Zooführungen, zog dann ein kleines, quadratisches Stück Elefantenhaut aus der Tasche und forderte alle Umstehenden auf, es einmal zu berühren und zwischen den Fingern zu halten. Dieses kleine, quadratische Stück wurde, wenn es nicht in der weißen Kitteltasche meines Vaters eine Zooführung mitmachte, sorgsam in meiner Schatzkiste zu Hause im Kinderzimmer aufbewahrt. Elefantenhaut sieht aus wie eine Mondlandschaft, mit unzähligen kleinen Kratern und Hügelchen, was sich übrigens auch zur Massage hervorragend eignet. Ein Stück Elefantenhaut langsam über nackte Menschenhaut gezogen, bevorzugt am Rücken oder am Arm, hat sich, soweit ich mich erinnere, immer großartig angefühlt. Aber zurück zu Rhani. Mein Vater beschreibt den Beginn seiner Freundschaft mit ihr ebenfalls in einem zoologischen Artikel. Hier ein kurzer Auszug:

»Nicht selten kommt es vor, dass besonders in den späten Frühjahrsmonaten wie auch noch während des Sommers ein Elefant plötzlich das Futter verweigert. Ist eine schwere Allgemeinerkrankung im

Anzug? Nein. Bei ruhiger Beobachtung sieht man, dass er die Hinter- und Vorderbeine enger unter sich gestellt hat und öfters ein hinteres Bein ein ganz klein wenig anzieht. Leicht lässt sich diese Zeichensprache verstehen: Bauchschmerz, der noch nicht so stark ist oder den das Tier noch nicht so deutlich zeigen möchte. Verdachtsdiagnose: Sandkolik! Entsprechende Behandlung mittels Spritzen oder Eingaben. Am nächsten Tag früh die Erlösung: Nach wenigen Kotballen wird eine große Menge Sand abgesetzt, die das Tier – unwissend der Gefahr – aufgenommen hatte.

Viel schlimmer aber erging es meiner späteren Lieblingselefantenkuh ›Rhani‹. Fünf bange und schwere Tage verbrachte ich an ihrem Krankenlager. Es begann am 15. September 1961. Plötzlich zeigt sie zunehmende Lähmungserscheinungen der Gliedmaßen, des Rüssels, der Backen- und Zungenmuskulatur, sowie Kau- und Schluckbeschwerden. Die Gesichtsmuskulatur ist verkrampft, ein starkes Speicheln und ein Unvermögen, mit dem Rüssel gezielt zu greifen, werden beobachtet. Ab und an kann sie sich nicht mehr auf den Beinen halten und lässt sich auf die Seite fallen, dass das Elefantenhaus dröhnt. Ich komme vom 15. bis 19. September kaum eine Stunde von Rhanis Krankenlager weg. Am 17. September mittags schöpfe ich den Verdacht einer Botulismus-Vergiftung. Diesmal hatte die innere Kontaktfindung zu meinem Patienten zwei Tage gedauert, kein Wunder bei so einem seltenen Krankheitsgeschehen. In der Nacht vom 17. zum 18.09. werden dem etwa 1.800 kg schweren Tier 2 Liter (40 × 50 ml) Botulismus-Antitoxin-Serum, Blutgruppe Typ AB, in den Muskel beziehungsweise unter die Haut gespritzt. Es war bis auf leise Abwehrlaute von Rhani totenstill im Elefantenhaus. Wir trauten uns selbst kaum zu atmen. Unseres Wissens war sie der erste Elefant auf der Welt, der Botulismus-Antitoxin-Serum erhielt. Am 18.09. zeigte Rhani beginnende Besserung und heute ist sie der schwerste Koloss in unserer Herde. Sie ist und bleibt sicherlich stets meine besondere ›Freundin‹ in der Elefantengruppe. Sie ist auch ein besonders gutmütiges, liebes Tier.«

Ich habe etwas nachgeforscht: Die erwähnte Botulismus-Vergiftung wird durch ein Bakterium (Clostridium botulinum) ausgelöst, das sich in unzureichend sterilisierten und luftdicht verpackten Wurst- und

Fischkonserven gut vermehren kann, seltener aber auch in pflanzlichem Material – in Gras, Heu und Silage –, also auch in Elefantenfutter. Denkbar ist außerdem, dass ein Tierkadaver, zum Beispiel eine tote Maus, ins Futter geraten war, unter einem Berg von Grün begraben wurde und die Vergiftung bei Rhani auslöste. Botulinumtoxin ist eines der tödlichsten Gifte der Welt und wirkt an den Verbindungsstellen zwischen Nerven- und Muskelzellen, den Synapsen beziehungsweise motorischen Endplatten. Bekannt ist es auch in der Kosmetikindustrie als Botox. Hier löst es Lähmungserscheinungen im Gesicht aus und soll Falten zum Verschwinden bringen, was nicht selten dazu führt, dass ganze Gesichtszüge entgleisen, die würdevoll altern wollten. Eine sinnvolle Nutzung dieses Giftes ist dagegen die Anwendung als Medikament bei Spastik, Schiefhals, Migräne und übermäßigem Schwitzen.

Viele Jahre nachdem Rhani wieder genesen war und mit meinem Vater Freundschaft geschlossen hatte, kamen nun auch mein Bruder und ich auf die Welt, um endlich Rhani kennenzulernen. Wir konnten mit ihr im Grunde alles anstellen, was wir wollten, solange nur mein Vater, der Rhani-Retter, danebenstand. Wir liebten Rhani, denn sie ließ sich streicheln und füttern wie ein großer grauer Hund und wir durften sogar im sandigen Außengehege auf ihr reiten. Und das ging so: Rhani blickte meinen Vater gutmütig an, hob auf einen leisen Befehl hin ihr Vorderbein und ich konnte draufsteigen. Das war die erste Stufe, um Rhani zu erklimmen. Wenn ich auf ihrem angehobenen, meist linken Vorderbein stand, dann konnte ich mich auch schon an ihrem Ohr festhalten und hing sicher in der »Wand«. Danach wurde ich wie mit einem Treppenlift langsam etwas weiter nach oben gefahren, indem Rhani das Bein anwinkelte und es so weit, wie sie konnte, an den Bauch zog. Den Rest des Gipfels musste ich mir allerdings allein erkämpfen, denn mit dem Rüssel half Rhani nicht. Manchmal wurde von unten noch ein wenig an meinem Hintern nachgeschoben, von meinem Vater oder vom Elefantentierpfleger, der bei jeder »Reitstunde« dabei war, aber im Grunde zog ich mich an Rhanis rauem und mondzerklüftetem Ohr ganz allein hinauf. Da Rhani eine indische Elefantenkuh war, waren ihre Ohren nur halb so groß wie bei afrikanischen Elefanten, aber die Größe reichte allemal aus, um nicht danebenzugreifen. Außerdem wusste ich, dass es ihr nicht weh tat. Wahrscheinlich wog ich an ihrem Ohr nicht mehr als ein fleischfarbener Ohrring.

Wenn ich es dann endlich geschafft hatte und ganz oben saß, auf dem größten Landsäugetier der Welt, kam ich mir vor wie ein König, oder wie ein sächsischer Mogli. Ich wurde bei laufendem Zoobetrieb im Außengehege mehrmals im Kreis herumgeführt und von den Erwachsenen und Kindern, die alle am Geländer standen, angestarrt und manchmal auch fotografiert. Wenn ich mich genau entsinne, war es immer eine Mischung aus Stolz und Scham, die mich da oben erfüllte, denn es war mir bei aller Großartigkeit auf Rhanis Rücken auch unangenehm, derart bestaunt und beneidet zu werden. Aber meist konzentrierte ich mich dann ganz auf Rhanis Hinterkopf mit seiner lustigen, spärlichen Behaarung oder auf ihre leicht wackelnden Ohren, an denen ich mich noch immer festhielt, so dass meine Hände leicht mitwackelten, oder aber ich starrte eine Weile auf ihre rosafarbene, etwa kinderfaustgroße Warze, die sie links am Kopf trug und an der man schon von Weitem, schon vom Geländer des Außengeheges aus, erkennen konnte, dass es Rhani war.

Dazu kam noch die Sache mit dem Schlüsselbund: Immer, wenn mein Vater und ich die langgezogenen Treppen zum Elefantengehege hochstiegen, begann er in den Hosentaschen nach seinem Schlüsselbund zu kramen, und sobald wir oben angekommen waren und am Geländer standen und in der Ferne Rhani sahen, die oft verträumt an der Backsteinmauer des Elefantenhauses lehnte, fing er mit genau diesem Schlüsselbund wie verrückt zu klimpern an oder schlug damit ohrenbetäubend aufs Eisengeländer ein. Mir war es immer schrecklich peinlich, weil uns die Leute anstarrten und meinen Vater für irre hielten, aber es dauerte zum Glück nie allzu lange, bis jeder sehen konnte, welche Wirkung das Schlüsselbund tatsächlich erzielte. Rhani erwachte aus ihren Tagträumen, lauschte, hob ihren Kopf und ihren Rüssel und suchte das Geländer nach ihrem Retter ab. Mein Vater klimperte weiter und Rhani sah ihn, schnaufte hörbar und setzte sich schließlich in Bewegung, um ihm über den Elefantengraben hinweg den »Freundschaftsrüssel« zu reichen. Die Leute kamen aus dem Staunen gar nicht mehr heraus, mein Vater war rehabilitiert, war plötzlich kein Irrer mehr und wurde mit Fragen und Bitten überhäuft. Die meisten Kinder wollten auch mal den freundlichen Rüssel anfassen und mein Vater übermittelte diesen Wunsch an Rhani, die ihn brav erfüllte.

Nach diesem Begrüßungsritual gingen mein Vater und ich gewöhnlich weiter ins Dickhäuterhaus, obwohl Rhani ja gar keine Dickhäuterin war, sondern eine sehr sensible, dünnhäutige indische Elefantenkuh in ihren besten Jahren.

Am 17. November 1980 hatte Rhani einen Unfall. Sie fiel in den Elefantengraben und konnte nur durch die Leipziger Feuerwehr und mithilfe eines Kranes befreit werden. Ich selbst war an diesem Tag nicht mit meinem Vater im Leipziger Zoo und kann nur immer wieder ungläubig auf ein kleines Foto blicken, auf dem man Rhani sieht, die mit dem Rücken nach unten in der Luft hängt und gerade aus dem Elefantengraben gehoben wird. Es ist ein Wunder, dass ihr nichts Schlimmes passiert war, denn der Graben war tief genug, um sich alle Elefantenbeine und das Elefantengenick zu brechen. Ein Jahr zuvor, am 1. September 1979, war bereits eine andere Elefantenkuh in den Graben gefallen, die afrikanische Elefantenkuh »Safari«, für die jede Hilfe zu spät kam und deren rechtes Ohr später bei uns im Wohnzimmer über der Tür hing.

Auf dem kleinen Foto sieht man, dass Rhanis Augen geschlossen sind, als sie in der Luft hängt. Sie wirkt wie ein träumender Koloss oder wie ein träumender Fels oder Planet. Wer sagt, dass Elefanten nicht schweben können? Dieses kleine Bild zumindest behauptet das Gegenteil.

Nicht bei jedem Zoobesuch war Zeit für einen Rhani-Ritt, das waren auch für mich besondere Augenblicke, aber wofür fast immer Zeit war, das war eine kleine Rhani-Fütterung mit Brot und Äpfeln. Mein Bruder und ich nannten die unzähligen Mischbrote, die im Elefantenhausstall vom Boden bis zur Decke in Regalen gestapelt waren, die »Elefantenbrote«. Nie wieder in meinem Leben habe ich von einem Brot gegessen, von dessen Exklusivität ich derart überzeugt war wie damals von den alten, schon harten DDR-Mischbroten im Elefantenhausstall. Wir waren verrückt nach diesen Broten! Entweder fütterten wir zuerst Rhani mit ihrem Elefantenbrot oder wir stürzten uns als Erstes selbst darauf und stopften uns die Backen damit voll. Anders als zu Hause durften wir uns im Elefantenhausstall wie die Wilden aufführen, durften die Brotlaibe auf martialische Weise auseinanderreißen und unsere Zähne in die weichere innere Masse hineinhacken. Es schmeckte herrlich! Nie hatte Brot, auch wenn es frisch und knusprig gewesen war, herrlicher geschmeckt als hier im Leipziger Elefantenhaus. Es gab nur ein einziges Elefantenbrot auf dieser Welt und dieses einmalige Elefantenbrot war nun einmal zäh und schwer, und nicht leicht und luftig, sonst hätte man es ja auch gleich Vogelbrot oder Schmetterlingsbrot nennen können. Man brauchte Elefantenkräfte, Elefantenkiefer, um es zu zerreißen und im Mund zu zermalmen. Ein Elefantenbrot war eine Herausforderung und nichts für Schwächlinge, das war uns klar, und Rhani, die Leitkuh der Leipziger Elefantenherde, schien es genauso zu sehen wie mein Bruder und ich. Sie stopfte sich genüsslich den Mund voll mit halben oder sogar ganzen Brotlaiben und ließ es krachen. Wir hielten ihr das Brot entweder dicht vor den Rüssel, so dass sie zugreifen konnte, was immer sehr behutsam geschah, oder es gab einen Befehl des Tierpflegers, woraufhin Rhani den Rüssel ganz nach oben hob und ihren Mund öffnete, in dem eine riesige rosa Zunge lag. Auch ihre Zähne waren in dem Moment zu sehen, wirkten aber wie bei allen Pflanzenfressern harmlos. Bei einem Elefanten sind es nur vier Stück: vier ziegelsteingroße, an der Oberfläche gerillte Backenzähne, zwei oben und zwei unten. Wenn Rhani uns also ihre Zunge zeigte und weniger ihre Zähne, dann hatten wir keine Angst, sondern legten vorsichtig ein Elefantenbrot oder einen Apfel darauf, und sofort schloss sich der gar nicht so große Elefantenmund und Rhani begann verzückt zu kauen. Ihre flinken, hellen Augen leuchteten in diesem Moment auf und sie wirkte fast so gierig wie unser rotbrauner Langhaar-Dackel zu Hause, wenn er eine Stulle mit Landleberwurst verschlang.

Zu DDR-Zeiten wurden im Leipziger Dickhäuterhaus auch große Flusspferde und Zwergflusspferde gezeigt. Und wenn mein Bruder und ich schon einmal beim Elefanten-Füttern waren, dann sollten auch Rhanis Nachbarn nicht völlig leer ausgehen. An Flusspferde wurden zwar keine Elefantenbrote verfüttert, dafür aber Äpfel. Und was das Äpfelfüttern betraf, so war es bei den großen Flusspferden sogar noch spannender als bei Rhani. Sie hielten ihre Köpfe aus dem trüben, dunkelgrünen Wasser ihres Geheges und rissen gleichzeitig ihre gewaltigen, hauerbewehrten Mäuler auf. Es machte riesigen Spaß, Apfel für Apfel in diese schleimhautklaffenden Scheunentore zu werfen, dass es nur so klatschte und schmatzte. Manchmal versanken die Äpfel beim Auftreffen auch für den Bruchteil einer Sekunde vollständig im flauschigen Schleimhautteppich, bevor sie wieder nach oben schnipsten und grün und rund zwischen den ungeputzten, bräunlichen Zähnen herumkullerten. Oder ich bilde mir das alles nur nachträglich ein... Nein, ich glaube, die Schleimhaut gab tatsächlich ein ganz klein wenig nach und es machte ein cooles Geräusch, an dieser Erinnerung gibt es nichts mehr zu rütteln. Außerdem ging es um Punkte! Es ging darum, mit einer Handvoll Äpfel mehr Treffer im aufgesperrten Flusspferdmaul zu landen als der andere. Es war wie ein Computerspiel in einer Zeit, in der wir noch keine Computer hatten. Wenn jemand nicht traf, unterbrach sich das Spiel insofern von selbst, als das Flusspferd auf Tauchgang ging, um den verlorenen Apfel am Grund des Beckens aufzustöbern und zu verspeisen, was eine Weile dauern konnte. Dann kam es mit einem Schnaufer wieder nach oben, sperrte sein Maul erneut auf und zeigte, wenn wir denn Glück hatten, noch einen seiner spektakulären Kotabgänge. Dabei bewegte sich der Schwanz plötzlich wie ein Propeller im Wasser und verteilte den mit einem großen, langgezogenen Knall entlassenen Arschbrei in alle Richtungen, so dass man gleich danach auch Unmengen von unverdauten Halmen im Becken herumschwimmen sah. Dann wurde gelacht und fleißig weitergefüttert und weitergeworfen.

Das alles und noch viel mehr war zu erleben im alten Leipziger Elefantenhaus, das es in der damaligen Raumaufteilung (mit Flusspferd-WG) heute leider nicht mehr gibt. Überhaupt: Es fehlen große Flusspferde im neuen Leipziger Zoo. Man sollte nicht auf sie verzichten, Herr Direktor, alle Kinder wollen große Flusspferde mit spektakulären Kotabgängen sehen!

Nilpferdmutter „Grete" mit ihrem 8 Tage alten Kind, der späteren Berliner „Bulette". Aufg. v. F. Schröter, Leipzig.

24

Freiflughalle. Seit 1969 er-
Schüler anschaulichen Bio-

Seit 1957 werden jährlich die Facharbeiterprüfungen im Leipziger Zoo durchgeführt. Elefantin »Rhani« dient als Prüfungsobjekt zur Fußpflege. Kritische Gutachter sind Revierleiter Dornik, Herr Fricke aus Rostock, Zoodirektor Prof. Seifert und Dr. Falk Dathe aus Berlin.

25

24 _ Nilpferdmutter »Grete« mit ihrem acht Tage alten Kind,
der späteren Berliner »Bulette«, um 1950
25 _ Elefantin »Rhani« (r.) als Prüfungsobjekt bei
der jährlichen Facharbeiterprüfung im Zoo Leipzig

Seit 30 Jahren betreut Professor Dr. Elze unsere Zootiere.

Am 17. November 1980 fiel die Elefantin »Rhani« in den Absperrgraben der Elefantenanlage und konnte nur mit

Flußpferdhochzeit am 23. September 1949 im Berliner Zoo. Die verwitwete Leipzigerin »Grete« wurde zum einzigen damals verfügbaren Bullen »Knautschke« nach Berlin geschickt. Während heute Zuchtgemeinschaften zwischen Zoos zu den Alltäglichkeiten gehören, war das damals noch ungewöhnlich und bei so großen Tieren auch nicht einfach. Übrigens zeigten sich die Brautfahrten erfolgreich und begründeten den Neubeginn der Leipziger und Berliner Zuchten.

Professor Schneider beg
einen neu angekommener
pfleger Fickert und Dr. Dath

26 _ Dr. Karl Elze bei der Untersuchung eines Gorillas im Zoo Leipzig
27 _ Flusspferdhochzeit im Zoo Berlin

28

28 _ Carl-Christian Elze mit Elefantenkind
im Zoo Leipzig, 1984

Noch mehr Elefanten

Einmal, kurz nach der Wende, machte mein Vater eine Zooführung für meine Abi-Klasse. Natürlich landeten wir früher oder später auch bei Rhani im Elefantenhaus. Es war undenkbar, die ganze Klasse an diesem Sommertag auf Rhani reiten zu lassen, aber ich erinnere mich noch gut daran, dass mein Vater wie immer den Beweis antrat, dass einem ein Elefant ruhig einmal auf den Fuß treten könne. Er schob seinen Schuh unter Rhanis rechten Vorderfuß, bis er ganz unter der grauen Masse verschwunden war, und fragte lächelnd in die Runde: »Wer will es auch mal probieren?«

Keiner wollte es. Außer mir. Ich wollte ein bisschen herumalbern an dem Tag beziehungsweise fühlte mich verpflichtet, die Mädchen meiner Klasse zu unterhalten, und schob meinen Schuh ebenfalls unter Rhanis Vorderfuß. Anders als mein Vater lächelte ich nicht, sondern verdrehte die Augen, als ob sie mir gleich herausspringen würden, und ging schließlich theatralisch in die Knie. Dann kam die große Erklärung meines Vaters, die ich schon auswendig kannte:

»Elefanten gehen nur auf ihren Zehenspitzen: Sie sind Zehenspitzengänger, genau wie Pferde und Rinder. Hinter den Zehenspitzen aber, an der Unterseite des Fußes, gibt es ein dickes fettartiges Polster, das das Gewicht beim Auftreten abfedert und auf eine größere Fläche verteilt. Also anders als bei einer Frau mit Stöckelschuhen. Wenn eine Frau mit Stöckelschuhen einen tritt, dann tut es immer weh. Vor Stöckelschuhen muss man Angst haben, aber nicht vor Elefantenfüßen!«

Mein Vater wartete auf einen Lacher, der allerdings nicht kam. Dann fuhr er fort: »Und dieser Fuß ist auch der Grund, warum Elefanten fast geräuschlos laufen. Ist euch das schon aufgefallen? Hört mal genau hin!« Wir folgten seinem Rat und hörten tatsächlich so gut wie nichts, obwohl überall Elefanten herumschlurften. Dann fragte er erneut: »Wer will es jetzt probieren, wer will seinen Fuß jetzt unter Rhanis Fuß schieben?«, aber es wollte immer noch keiner. Mein Vater gab sich geschlagen und meinte: »Na gut, dann noch ein paar Fragen. Welchen Durchmesser hat Rhanis Fuß? (Circa 40 cm.) Wie viele Zehennägel haben Rhanis Füße? (Vorn 5 und hinten 4.) Welche Füße sind größer, Rhanis Vorderfüße oder ihre Hinterfüße? (Ihre Vorderfüße, weil sie mehr vom Gesamtgewicht tragen müssen.) Wie schwer ist

Rhani? (Etwas über 4 Tonnen.)...« und so weiter und so weiter. Irgendwann durften wir uns dann endlich auf die »Elefantenbrote« stürzen, durften sie selbst verschlingen und an Rhani verfüttern. Es wurde ein Festessen für alle Beteiligten.

Zum Abschluss gingen wir aufs Außengehege, um ein Foto mit Rhani und einigen anderen »Elefantentanten« zu machen, und stellten uns im Halbkreis auf. Rhani stand hinter uns und streifte mit ihrem Rüssel neugierig den einen oder anderen Rücken meiner Klassenkameraden, was dazu führte, dass immer einer von uns erschrak und das Gruppenbild verwackelte. Die meisten ließen sich schnell wieder beruhigen, so dass es schließlich doch noch zu einem Klassenfoto kam, wo alle halbwegs entspannt in die Kamera guckten. Bis auf meinen Freund Michael. Er hatte sich direkt vor Rhanis Rüssel gehockt und wurde stärker als alle anderen von hinten kontaktiert, untersucht und berüsselt, was seinem Gesicht eine schöne Verdutztheit gibt.

Inzwischen sind schon vier Jahre vergangen, seit Michael im Markkleeberger See südlich von Leipzig ertrunken ist, und ich betrachte dieses Klassenfoto manchmal mit dem Gedanken, wie verdutzt wir wohl alle schauen werden, wenn es irgendwann mit uns endet. Aber ein Foto davon – von unserer letzten, größten Verdutztheit – wird es wohl aller Wahrscheinlichkeit nach nicht geben, außer der Tod liebt Polaroids.

Auch Rhani ist schon lange nicht mehr bei uns, nicht mehr in diesem Zoo und nicht mehr auf dieser Welt. Zwar hat sie meinen Vater um 7 Jahre überlebt, ist stolze 55 Jahre alt geworden, aber nun fehlt sie mir bei jedem Zoospaziergang auf eine schwer beschreibbare, nicht schmerzende, aber doch intensive Weise. Als ob man plötzlich Hunger bekommen würde: Hunger auf Elefantenbrote und Abenteuer, aber kein Bäcker und kein Reisebüro kann helfen.

In ihren letzten Lebensjahren litt Rhani unter schweren Abszessen an den Füßen und magerte von über 4.000 kg auf 3.626 kg ab. Sie wurde immer schwächer, ging nicht mehr ins neue Badebecken im Außengehege und legte sich auch zum Schlafen nicht mehr hin; wahrscheinlich aus dem sicheren Instinkt heraus, am nächsten Morgen nicht mehr hochzukommen. Meist sah ich sie bei meinen Zoobesuchen nur noch an die Wand des Elefantenhauses gelehnt, um die

Füße zu entlasten. Schließlich wurden ihre Schmerzen immer quälender, so dass der Zoo Leipzig entschied, Rhani zu erlösen. Am Morgen des 13. Juni 2008 wurde sie eingeschläfert. Ich habe gelesen, sie sei zunächst in einen tiefen Schlaf versetzt worden, woraufhin sich die anderen Elefanten mit Rüsselkontakt von ihr verabschiedeten, danach habe sie eine weitere Infusion bekommen, die zum Herzstillstand führte.

Ich wünschte, auch mein Vater hätte sich von ihr verabschieden können. Andererseits, wenn er noch da gewesen wäre, hätten sie sich in diesem Moment verloren. Da er schon weg ist, sage ich mir, gibt es zumindest die Möglichkeit, dass sie sich wiedergefunden haben.

Neben Rhani, der Lieblingselefantenkuh meines Vaters, gab es noch weitere asiatische Elefanten im Leipziger Zoo der achtziger und neunziger Jahre, die mir in ihren Persönlichkeiten vertraut waren, wenn auch nicht so vertraut wie Rhani. So gab es zum Beispiel den Elefantenbullen »Sahib«, dessen Ankunft in Leipzig mir noch gut in Erinnerung geblieben ist, denn Sahib kam, sah und siegte. Er war der größte Elefant, den ich jemals gesehen hatte, und dazu noch einer, der Kunststücke konnte.

Sahib-Fridolin, meist nur Sahib genannt, war der Sohn des Elefantenbullen »Siam« und der Elefantenkuh »Ceylon« und war am 15. Februar 1963 im »Zirkus Knie« in der Schweiz zur Welt gekommen. Seine Mutter, so habe ich herausgefunden, verstieß den kleinen Sahib gleich nach der Geburt, so dass das 139 kg schwere Elefantenkalb von seinem Pfleger Josef Haak und dessen Ehefrau von Hand aufgezogen wurde. Sahib blieb bis 1984 beim »Zirkus Knie« und lernte dort alles, was ein Zirkuselefant können muss: auf zwei Beinen stehen, die Vorderbeine auf den Rücken eines anderen Elefanten legen, andere Elefanten mit dem Rüssel vorsichtig am Schwanz anfassen, um mit ihnen im Kreis zu gehen, und so weiter. Außerhalb der Vorstellungen wurde er auch als Reitelefant für Besucherkinder benutzt. Diese Information ist umso erstaunlicher, als es nicht lange dauerte, bis Sahib als der gefährlichste Elefant, ja sogar als das gefährlichste Tier des ganzen Leipziger Zoos verschrien war. Schon bald gab es keinen Zoobesuch mehr, wo mir mein Vater nicht eintrichterte, bloß die Hände von

Sahib zu lassen, wenn er mir seinen Rüssel über den Elefantengraben hinweg zustrecken sollte: Sahib könnte mich packen, über den Graben heben und sofort zertrampeln! Sahib war alles zuzutrauen. Sahib war böse und Rhani war gut. Das war die Schwarz-Weiß-Elefantenwelt meiner Zookindheit. Manchmal träumte ich sogar davon. Träumte davon, dass mich Sahib erwischte und seinen Fuß anhob...

Aber was war eigentlich mit Sahib passiert? – Das frage ich mich im Grunde bis heute. Er war am 22. November 1984 mit seinem Zirkusherrn, einem für mich damals schillernden Typen aus der »Knie-Dynastie«, plötzlich in einem West-Truck aus der Schweiz angereist gekommen und alles hatte zunächst so märchenhaft und spannend ausgesehen. Sahib hatte gleich nach dem Entladen Kunststücke gemacht und einen kleinen Spaziergang über den Nordplatz in Richtung Stadtzentrum unternommen. Danach wurde er ohne Ketten durch den Eingang am Kickerlingsberg in den Zoo geführt und wirkte wie ein riesiger braver Hund neben seinem kleinen Herrn. Er machte Sitz und Männchen vorm Elefantenhaus und wir alle applaudierten ihm: alle Zoobesucher und Tierpfleger, mein Vater und ich. Alles hatte mit einer großen »Sahib-Show« begonnen.

Leider kann ich meinen Vater nicht mehr fragen, was seiner Meinung nach mit Sahib passiert ist, obwohl es mich inzwischen mehr interessiert als alle anderen Zoofragen. War Sahib aus Einsamkeit böse geworden, weil er sich von seinem Herrn verlassen und im Osten ausgesetzt gefühlt hatte? Oder war er zum Darth Vader geworden, weil sein neues Zooleben in keiner Weise mehr so aufregend war wie sein früheres Zirkusleben, weil er keine echte Liebe, keine passende Braut in Leipzig gefunden hatte, weil er sich mit Rhani, der Leitkuh, nicht verstand, weil seine Hormone verrückt spielten, weil er ein Spielball seiner eigenen, nicht mehr »abstellbaren« Musth wurde?

Als »Musth« (was sich aus dem Persischen ableitet und »unter Drogen/im Rausch« bedeutet) wird eine Phase verstärkter Testosteron-Schübe bezeichnet, die bei Elefantenbullen ab der Pubertät fast immer im Winter auftritt und mehrere Monate anhalten kann. In diesen männlichen Hormonräuschen, die ganz im Gegensatz zu den Oxytocin-Liebesräuschen der Löwenfabrik stehen, verwandeln sich viele Elefantenbullen in aggressive graue Felsen, die manchmal auch Lust verspüren, jemanden zu überrollen und zu zerschmettern. Es ist wie ein »Quartals-irre-Sein«, das sich der Bullen bemächtigt. Wenn Arbeitselefanten in Asien in die Musth kommen, werden sie heute noch mit dicken Seilen zwischen Bäumen festgebunden, regelrecht geknebelt, ihnen wird wenig Futter gegeben und sie werden zum Teil auch körperlich misshandelt. Auf diese Weise werden die Bullen »gebrochen«, die Musth endet schon nach wenigen Tagen und sie können wieder als Arbeitstiere eingesetzt werden. In Zoos und Zirkussen muss man natürlich eine andere Strategie im Umgang mit den »Pubertierenden« finden. Man muss die Musth früh genug erkennen und man muss vorsichtig bleiben. In Europa und Nordamerika kommt es jährlich zu circa drei bis vier tödlichen Zoo- und Zirkusunfällen mit Elefanten und zu wesentlich mehr Verletzten. Alles in allem ist es für jeden Elefantentierpfleger und -dompteur eine tägliche, lebensabsichernde Aufgabe, als kleiner fleischfarbener Wicht immerfort das Alphatier zu bleiben, den Riesen in seiner Kraft zu lähmen und an der cerebralen Kette zu führen.

Ich denke aber, dass die Musth nicht der einzige Grund für Sahibs Wandlung war, ich glaube, dass es ein Gemisch aus mehreren Gründen gab, denn Sahib war nicht als Fiesling nach Sachsen gekommen, sondern als Zirkuselefant, auf dem Kinder geritten waren. Sahib und Leipzig, das wollte einfach nicht zusammenpassen. Er begann seine Pfleger anzugreifen und auch sein Aufenthalt im abgetrennten Bullengehege wurde immer bedenklicher, zumal es Besucher und vor allem Kinder gab, die Sahib nichtsahnend am Rüssel berühren wollten. Irgendwann, glaube ich, wurde sogar ein Warnschild aufgestellt und Sahib vereinsamte und verrohte immer mehr.

Vielleicht waren ja diese kleinen, verstreuten Streicheleinheiten am Besuchergeländer die einzigen Mittel gewesen, um nicht noch böser zu werden, um vielleicht sogar von jeder Bosheit geheilt zu werden, denke ich mir heute. Ich selbst hatte damals auch viel zu viel Angst vor Sahib und berührte ihn nicht mehr, im Grunde nie wieder. Manchmal warnte ich sogar die anderen Kinder neben mir am Besuchergeländer und zischelte etwas vom »bösen Elefanten«, was ich heute ernsthaft bedaure.

Schließlich wurde es so schwierig mit Sahib, dass er 1988 den Leipziger Zoo verlassen musste und in den Zoo von Belfast verschickt wurde. Wieder kam ein Transporter zum Kickerlingsberg, doch diesmal wurde Sahib wie der gefährlichste Verbrecher des Zoos abgeführt – in Elefantenketten.

Ich habe herausgefunden, dass Sahib nur bis 1991 in Belfast blieb und dann in den Cricket St. Thomas Wildlife Park in Somerset/Südengland weitergereicht wurde. Dort wurde Sahib am 23. Dezember 1994 erschossen. Es heißt, sein Verhalten sei unkalkulierbar geworden.

Neben den beiden Elefanten-Extremen »Rhani« und »Sahib« gab es noch »Mekong« und »Don Chung«, deren Temperamente nicht ausuferten, aber zu denen ich ebenfalls eine persönliche Bindung hatte. Mekong (ein Junge) und Don Chung (ein Mädchen) kamen am 9. Mai 1984 als zweijährige Elefantenkinder aus Vietnam nach Leipzig. Ich durfte sie mit in Empfang nehmen und ins Elefantenhaus führen. Ich war 10 Jahre alt und eher klein für mein Alter, aber Mekong und Don Chung waren noch kleiner als ich: Ich überragte sie tatsächlich um einen ganzen Kopf. Noch nie vorher hatte ich so kleine Elefanten gesehen und ich war völlig aufgelöst vor Freude und Glück.

Es gibt ein einziges Foto, auf dem man mich neben einem der Elefantenkinder herlaufen sieht, aber niemand kann mir mehr sagen, ob es Mekong oder Don Chung ist. Ich trage meine geliebten hellbraunen Halbschuhe, einen Anorak und eine Schirmmütze. Ich kann nicht sehen, was meine rechte Hand macht, die vom Elefantenkind verdeckt wird, weiß aber noch, dass ich den kleinen Elefanten weiter unten am Ohr festhielt, weil es mir mein Vater so aufgetragen hatte. Ich habe gesummt, um den Kleinen und mich selbst zu beruhigen, und habe ihn ins Elefantenhaus gelenkt, so gut ich konnte.

Heute weiß ich, dass Mekong und Don Chung nicht einfach nur Geschenke, sondern Staatsgeschenke aus Vietnam waren. Obwohl sie, glaube ich, keine Geschwister sind, habe ich sie immer als Brüderchen und Schwesterchen angesehen. In EleWiki, einem Wikipedia für Elefantenfreunde, kann man nachlesen, dass ihre Mütter Arbeitselefanten in einem Camp in der Provinz Thac Lac und ihre Väter wild umherstreifende Bullen waren. Bevor sie nach Leipzig kamen, gingen die beiden Elefantenkinder noch für kurze Zeit im Zoo von Ho-Chi-Minh-Stadt (Saigon) in den Kindergarten.

Das Ziel des Leipziger Zoos in den achtziger Jahren war, eine stabile asiatische Elefantenherde aufzubauen, in der es regelmäßigen

Nachwuchs geben sollte. Und Mekong und Don Chung waren dafür die ersten Prototypen. 1986 und 1987 kamen dann noch zwei weitere in Vietnam geborene Elefantenmädchen dazu: »Trinh« und »Hoa«. Aber erst nach 66 Jahren wurde 2002 wieder ein Elefantenkind in Leipzig geboren. Es ist der kleine Elefantenbulle »Voi Nam«, das Kind von Mekong und Trinh. Inzwischen ist Voi Nam ein stattlicher Jungbulle geworden, der nach fünf Jahren Junggesellenleben in einer Heidelberger »Bullen-WG« im Mai 2015 nach Leipzig zurückgekehrt ist. Es wird viel von ihm erwartet, wie es scheint – viele Elefantenkinder. Wollen wir hoffen, dass er die Nerven behält.

Bleibt noch ein letztes Elefantenrätsel für mich selbst übrig: Von wem stammt das eher kleine asiatische Elefantenohr, das ich neben dem großen »afrikanischen Ohr« (dem von »Safari«) geerbt habe und das ich meiner Frau bei unserem ersten Rendezvous in Berlin im Kofferraum meines geliebten und schon längst verschrotteten dunkelgrünen Volvo 480 aus Leipzig mitgebracht hatte, weil sie unbedingt wissen wollte, wie sich Elefantenhaut anfühlt? Ich habe das »asiatische Ohr« erst nach dem Tod meines Vaters in einem seiner Schränke gefunden und hatte es vorher noch nie gesehen. Auch meine Mutter und mein Bruder kennen es nicht. Wir stehen völlig auf dem Schlauch. Wer war der Ohrenbesitzer oder die Ohrenbesitzerin? Was ist passiert? Noch ein Sturz in den Elefantengraben? Eher unwahrscheinlich, davon hätte ich früher oder später erfahren.

Das Ohr besteht aus zwei dünnen grauen, zum Teil schon gelblichen Hautlagen, die nur am unteren Rand noch miteinander verwachsen sind. Das Ganze wirkt instabil, denn alles, was einst zwischen Vorder- und Rückseite war, Knorpel und dergleichen, ist verständlicherweise entfernt worden. Das Ohr hat etwas Tütenartiges bekommen, wie eine Tüte ohne Griff, und an den Rändern gibt es vereinzelte, circa einen Zentimeter lange, schwarze Haare …

Mir ist natürlich bewusst, dass diese Beschreibung schwerlich zur Identifikation des Ohrenbesitzers führen wird. Und auch mein Vater schweigt. Ein Besuch im Zoo-Archiv könnte helfen, vielleicht. Oder aber die Vorstellung, es könnte Rhanis Ohr sein, das wackelnde Ohr, an dem ich mich so gern als Kind festgehalten habe – ein magisches Ohr, das Zeit und Raum überwindet und schon 7 Jahre vor Rhanis Tod im Schrank meines Vaters liegt, damit ich es finde.

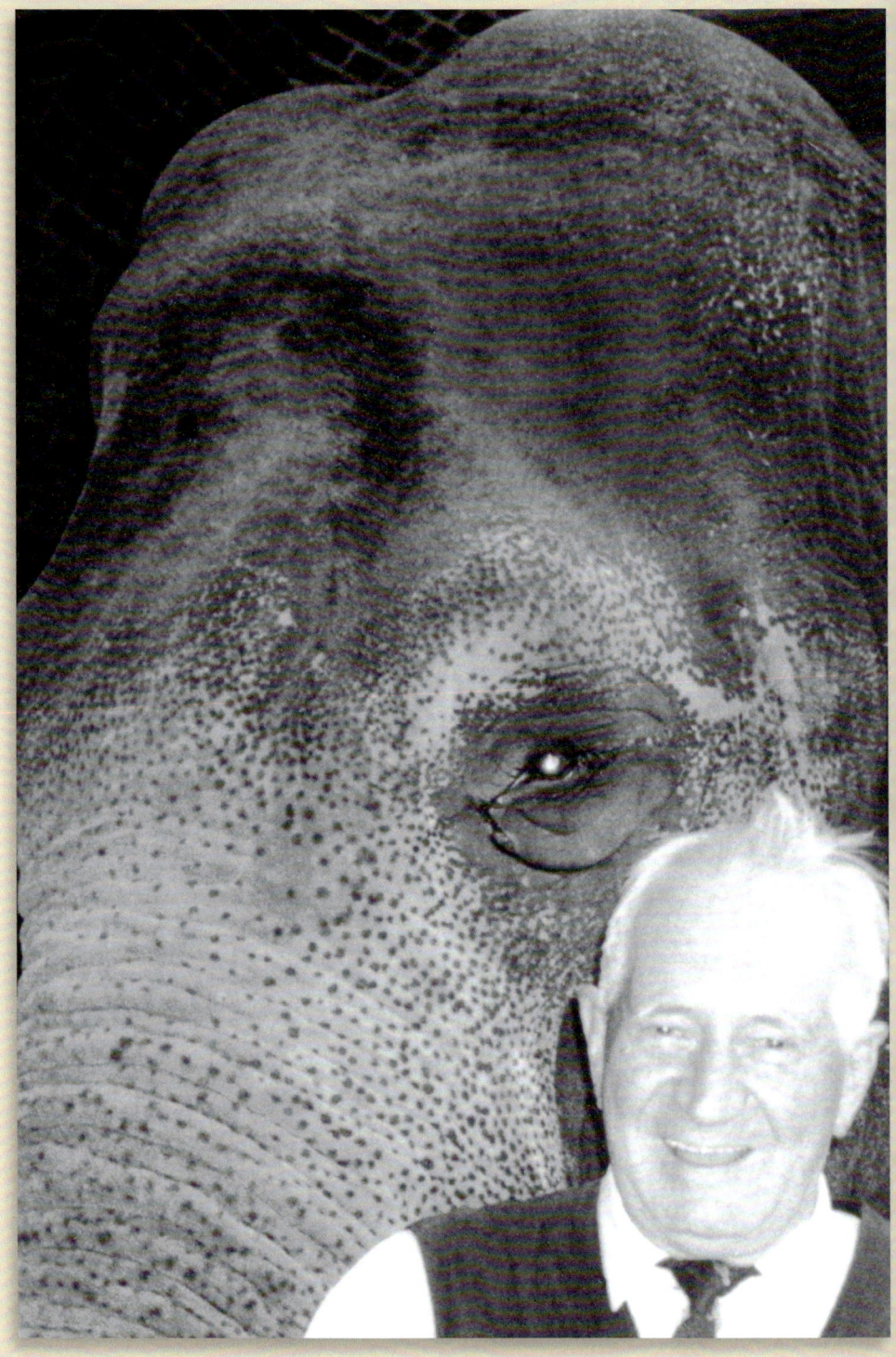

29 _ Dr. Karl Elze und »Rhani« im Zoo Leipzig, um 1999

187

Vom Schweizer Zirkus Knie kam am 22. November 1984 der Elefantenbulle »Sahib« zu uns. Er wurde später zur Zucht nach Belfast abgegeben.

63

30 _ Eine schwierige Dressur – die asiatische Elefantenkuh »Kiri« setzt den Fuß auf die Nase des Tierpflegers Günther Rückert, um 1955

31 _ Elefantenbulle »Sahib« am Leipziger Nordplatz

32

33

34

32–35_Zooarchitektur, 2015

36

36 _ Robert Elze mit Löwenbaby im Zoo Leipzig, um 1979

Löwenparallelität

Als ich 2014 in Cuxhaven den Ringelnatz-Nachwuchspreis aus den Händen der Hauptpreisträgerin Ulrike Draesner entgegennehmen durfte, die genauso tier- und zooverrückt ist wie ich, war das eine gute Gelegenheit, mich in meiner Dankes- und Herkunftsrede auch wieder mit der »Leipziger Löwenfabrik« zu beschäftigen, in der ich als Zootierarztsohn im Grunde mit aufgewachsen bin. Gleichzeitig wollte ich mir auch über meine Beziehung zu dem sächsischen Dichter Joachim Ringelnatz klar werden. Zu meinem Erstaunen stieß ich auf eine Art »Löwenparallelität« zwischen uns. Ich will versuchen, es zu verdeutlichen.

Ringelnatz kam 1886 als Dreijähriger aus Wurzen in die Messe- und Buchstadt, ich selbst bin 1974 in Berlin geboren und schon nach wenigen Monaten nach Leipzig transportiert worden. Ringelnatz' Familie zog in die Straße An der Alten Elster, also direkt an den gleichnamigen Fluss, der dem kleinen Hans Gustav Bötticher (so hieß Ringelnatz früher) den Abschied von der schönen Mulde bestimmt etwas leichter machte. Und auch der Zoo war gleich in der Nähe und interessierte den kleinen Ringelnatz gewaltig. – Der Leipziger Zoo war damals noch ganz jung, erst 1878 durch den Leipziger Gastwirt Ernst Pinkert als privater zoologischer Garten gegründet worden – der 23. Tiergarten in Europa. Schnell wurde er weltberühmt durch seine erfolgreiche Löwenzucht, so dass der Begriff »Leipziger Löwenfabrik« als Bezeichnung für das überaus fruchtbare Raubtierhaus in aller Munde war. Seit dem 1. Löwenwurf 1880 bis heute wurden etwa 2.300 Löwenkinder in Leipzig geboren und es gab Zeiten, in denen bis zu 120 Löwen gleichzeitig zum Tierbestand gehörten. Nicht wenige Leipziger Löwinnen brachten im Laufe ihres Lebens mehr als 40 Junge zur Welt, der Rekord lag bei 69 Jungen in 17 Würfen, aufgestellt von der Löwin »Julia«. Die Löwin »Durry« wiederum erzielte mit 8 Jungen in einem Wurf den Mehrlingsrekord. Und nicht zu vergessen die Leistungen der Leipziger Löwenmänner! Der Löwe »Cäsar« zeugte 176 Nachkommen in 49 Würfen und wurde sogar noch übertrumpft von seinem Sohn »Harras«, der es auf 215 Junge in 68 Würfen brachte – der absolute Rekordhalter. Kurzum, die Leipziger Löwen wurden zu einem internationalen Verkaufsschlager, was dem Zoo hohe Gewinne einbrachte, so dass er rasch weiterwachsen konnte. Geliefert wurde in andere europäische Zoos, in Menagerien und Zirkusse, verrückterweise sogar bis nach Afrika. 1936 bekam Hermann Göring einen halbwüchsigen Leipziger Löwen geschenkt, der aber schon bald wieder zurückgeschickt wurde, weil Göring völlig überfordert mit dem Sachsen war. Und um noch weiter auf dem Zeitstrahl nach vorne zu rücken: Nach vielen erfolgreichen Jahrzehnten sank schließlich die Nachfrage auf dem »Löwen-Weltmarkt« rapide ab, da die meisten Zoos ausreichend mit Löwen versorgt waren und auch selbst begonnen hatten, welche zu züchten. Die berühmte Leipziger Löwenzucht musste deshalb neu überdacht und mit geringerer Stückzahl neu erfunden werden. Man entschied sich, durch zielgerichtete Zucht eine ausgerottete Löwenunterart, nämlich den Berberlöwen oder Atlaslöwen (Panthera leo leo), in seinen phänotypischen Merkmalen wiederauferstehen zu lassen, also einen wahrhaft exklusiven Löwen zu erschaffen. Dieser Löwe mit seiner starken dunklen Mähne, die sich weit über die Schultern ausdehnte und am Bauch wie ein Vorhang herabfiel, hatte einst den gesamten Norden Afrikas nördlich der Sahara bewohnt und schon in römischen Arenen eine gute Figur gemacht, wo er unter anderem gegen den Kaspischen Tiger angetreten war. Jetzt aber lag er ausgestreckt und gähnend im Raubtierhaus des Leipziger Zoos, wo ich ihn als kleiner Junge gebührend bewundern konnte – genauso bewundern konnte wie 80 Jahre vor mir der kleine Ringelnatz irgendeinen anderen Löwen, der zwar noch kein wiederauferstandener Berberlöwe gewesen war, aber dafür irgendein Urvater der Leipziger Löwenlinie.

Ich behaupte an dieser Stelle: Für Ringelnatz (der übrigens im Sternzeichen Löwe geboren wurde) und für mich, für uns beide also, war die »Leipziger Löwenfabrik« – und der Zoo im Allgemeinen – einer unserer prägendsten Kindheitsorte. Um das zu untermauern, will ich noch auf eine sehr spezielle Erfahrung des jugendlichen Ringelnatz verweisen, auch wenn sie ausnahmsweise nichts mit Löwen zu tun hat. Von der Gründungszeit des Leipziger Zoos bis 1931 fanden auf dem Gelände an der Pfaffendorfer Straße circa 40 sogenannte Völkerschauen statt, darunter Zurschaustellungen von Kalmücken, Kirgisen und Swahili, 1897 aber wurden nackte Samoanerinnen ausgestellt, von denen sich der damals 14-jährige Ringelnatz besonders beeindruckt zeigte. So sehr beeindruckt zeigte, dass sogar der Besuch des Königlich-Sächsischen Gymnasiums, direkt am Zoo gelegen, vorzeitig endete. Ringelnatz selbst beschreibt das Erlebnis so:

»Ich befand mich in den Pubertätsjahren und konnte mich an den bronzefarbenen, dunkelhaarigen Weibern nicht sattsehen. Da mein kleines Taschengeld für Geschenke nicht ausreichte, entwendete ich zu Hause nach und nach unseren gesamten Christbaumschmuck. Bald trugen alle dreiundzwanzig Insulanerinnen Glaskugeln, kleine Weihnachtsmänner, Schokoladenherzen und Zuckerfiguren, Wachsengel und Ketten im Haar. Sie dankten mir, indem sie mich anlächelten oder über mein blondes Haar strichen, was mich beseligte. Aber eine von ihnen erfüllte mir eines Tages meinen Wunsch, mir ein H auf den Unterarm einzustechen. Das geschah in der großen Unterrichtspause. Die dauerte eine Viertelstunde, das Tätowieren aber einundeinehalbe Stunde. Es tat ein bisschen weh und kostete auch ein Tröpfchen Blut. ›Wo bist du gewäsen‹, fragte der Lehrer, als ich unter atemloser und schadenfroher Spannung meiner Klassengenossen den Schulraum betrat. Ich wusste: Nun ist alles aus. Aufrecht ging ich an dem Lehrer vorbei an meinen Platz und sagte, jedes Wort stolz betonend: ›Ich habe mich tätowieren lassen!‹«

Nun, ich habe tatsächlich eine alte Fotografie dieser Samoanerinnen in einem Buch über den Leipziger Zoo entdeckt, und so befremdlich das ganze Ausstellungsgehabe auch heute wirkt, lässt sich doch zumindest nachvollziehen, dass so ein pubertierender Bengel vor über hundert Jahren nach jedem »nackten Strohhalm« gegriffen hat, den er kriegen konnte. Dass es nach dem Schulrausschmiss bei Ringelnatz abenteuerlich weiterging, war natürlich Ehrensache. Aber zurück zur »Löwenparallelität«. Ich habe mir den Argumentations-Joker bis zuletzt aufgehoben. Ringelnatz ist nämlich nicht nur im Sternzeichen Löwe geboren und hat in der Nähe des Leipziger Zoos gewohnt und ist direkt neben dem Zoo, da, wo heute das Zooparkhaus steht, zur Schule gegangen – sein Kindermädchen war auch noch Claire Heliot! Eigentlich Clara Hanmann, geborene Pleßke, die als Tierpflegerin im Leipziger Zoo arbeitete. Dort war sie so geschickt im Umgang mit Raubkatzen, dass sie sich im Laufe der

Zeit in die exotischere Claire Heliot verwandelte und mit einer Dressurnummer mit zwölf Löwen und vier Doggen weltberühmt wurde. Als Höhepunkt dieser Nummer trug sie einen der über 150 kg schweren Löwen auf ihren Schultern aus der Manege heraus. Ich frage mich bis heute, wie diese eher schmale Person dazu im Stande war. Aber Ringelnatz kannte das Geheimnis ihrer Löwenkräfte, da bin ich mir sicher. Claire Heliot und Ringelnatz, Ringelnatz und Claire Heliot! Na, klingelts jetzt? Ist diese Beweislast nicht erdrückend! Was lässt sich einzig daraus schließen? Richtig! Im Grunde war Ringelnatz höchstpersönlich ein Leipziger Löwe und Claire Heliot seine Tierpflegerin und Dompteuse! Jetzt ist es endlich einmal raus! Sie könnten natürlich fragen: Aber wo sind denn die Ringelnatz'schen Löwengedichte, wenn er schon ein dichtender Löwe war? Ich habe sie auch noch nicht gefunden, das stimmt. Aber das heißt noch gar nichts. Ich glaube fest daran, dass sie irgendwo existieren. Vielleicht in irgendeiner Ritze des Alten Leipziger Raubtierhauses versteckt oder am Ufer der Alten Elster verscharrt. Ich werde sie finden und der Ringelnatzforschung eine neue Richtung weisen, das habe ich im Gefühl. Und wenn ich gar nichts finden sollte, dann schreib ich sie eben selbst, diese Löwengedichte, und gebe sie für Ringelnatz'sche Frühwerke aus. Ich weiß, das war jetzt blöderweise ein verräterischer Satz, aber Sie werden diesen verräterischen Satz jetzt gleich wieder vergessen, nicht wahr, und überrascht tun und sich freuen, wenn ich Ihnen schon bald meinen sensationellen Fund zeige – versprochen, abgemacht?!

37_ Claire Heliot im Zoo Leipzig, Szenen ihres Dressurprogramms, 1898, Holzstich von Wilhelm Kuhnert (1865–1926)

Abb. 2. Die schöne Samoanerin, Prinzessin FAI.
Aufn.: Archiv Dr. A. LEHMANN.

HERSE, mitgebracht, die zugleich Vorsänger und Vortänzer waren. 1896 war zugleich das Jahr, das uns mit einem der schönsten Menschenschläge der Erde, den Polynesiern, bekannt machte, den Samoanern, die unter der Führung des ehemaligen Polizeichefs von Apia, F. MARQUARDT, mit 26 Personen (darunter 22 Frauen) mit ihrem Häuptling PHINEAS nach Leipzig kamen. Die Schönheit der Frauen wurde allgemein bewundert. Die Samoaner arrangierten „Küstenfahrten" auf dem großen Weiher und auf der Pleiße mit ihren Kanus, notabene in Badeanzügen, wie sie ihnen in Europa vorgeschrieben waren, veranstalteten Bratfeste und zeigten, wie sie

39

39 _ Claire Heliot auf dem »lebenden Teppich«, um 1899

40

40_ »Lissi« (Nummer unbekannt), um 1985

Meerschweinchenkeller

Auch wenn es sich nicht um exotische Zootiere handelt, so will ich mich dennoch an die Meerschweinchen des alten Leipziger Zoos erinnern. Sie lebten zusammen mit Ratten- und Mäusefamilien in einem Keller des Wirtschaftshofes und warteten darauf, an Raubvögel und Schlangen, aber auch an die berühmten Leipziger Raubkatzen verfüttert zu werden. »Warten« – das sagt man so leichtfertig dahin, als ob sie bewusst ihren Tod erwarteten, aber das war zum Glück nicht der Fall: Diese neugierigen kleinen Nager schienen nicht jeden Augenblick daran denken zu müssen, dass eine riesige nackte Hand nach ihnen greifen könnte, um sie für immer wegzutragen. Stattdessen wirkten sie recht glücklich und lebten in einer großen Gemeinschaft zusammen, wie sie bei einer Haustierhaltung gar nicht möglich gewesen wäre, es sei denn, man hätte beschlossen, sein ganzes Wohnzimmer einer Horde Meerschweinchen zu überlassen.

Für mich war der »Meerschweinchenkeller« des Leipziger Zoos einer meiner liebsten Orte, konnte ich dort doch regelrecht in Fellen baden. Aber hätte ich das nicht auch zu Hause, in unserer »Fellhöhle« gekonnt? Im Grunde ja, aber es gab einen entscheidenden Unterschied: Die Felle im Meerschweinchenkeller waren noch lebendig. Jede einzelne von diesen kleinen warmen »Quellen« war geeigneter zum Baden als jeder noch so große, aber kalte »Fellsee« in der Fockestraße, wo sich die Fellhöhle befand und sich immer weiter auszubreiten schien, als ob sie auch noch den Fockeberg mit Fellen überziehen wollte.

Aber wie genau sah diese »Badestelle« im Meerschweinchenkeller nun eigentlich aus? – Zunächst ging man vom Wirtschaftshof ein paar Stufen hinunter in einen Keller, wo es kein Tageslicht mehr gab, dafür zahlreiche Neonröhren und Rotlichtlampen. Man spürte sofort einen Klimawechsel. Es wurde schlagartig heiß, ganz so, als würde man in einem afrikanischen Land die Gangway eines Interflug-Flugzeugs, zum Beispiel einer spitznasigen Tupolew 154, hinuntersteigen. Zumindest hatte ich diese Vorstellung als flugzeugverrücktes Kind, das unbedingt Interflug-Pilot oder Kosmonaut werden wollte. Außerdem schlug einem ein überaus kräftiger, würziger Nagergeruch entgegen, was nicht jedermanns Sache war, meiner Mutter etwa wurde übel davon. Ich selbst aber mochte diesen Geruch und sog die Nagerluft tief in die Lungenflügel ein.

Schon beim Heruntersteigen in den Keller hatte man aus der Ferne ein freundliches leises Quieken vernommen, aber jetzt, ganz unten angelangt, wurde dieses Quieken rasch lauter und schwoll zu einer kurzen Begrüßungsorgie an. Aber von Meerschweinchen war noch nichts zu sehen. Ich lief einen schmalen Gang entlang und kam zunächst an unzähligen Ratten- und Mäusekäfigen vorbei, in denen es wiederum ganz still zuging. In den vergitterten und mit Holzspänen ausgepolsterten Kinderstuben lagen weiße und gescheckte Nagermütter mit ihren meist noch völlig nackten und blinden Babys. Die Kleinen strampelten lautlos am mütterlichen Gesäuge und wenn ich stehen blieb und mein Gesicht an die Gitterstäbe drückte, konnte ich sehen, dass ihre rötliche Haut nahezu durchsichtig war. Überall sah man kleine, sich schlängelnde Blutgefäße unter der Oberfläche und hinter den geschlossenen Augenlidern schimmerten rund und dunkel winzige Augäpfel, die noch nie einem Lichtstrahl begegnet waren.

In meiner Erinnerung betrat ich den Gang immer wie einen stillen Waldweg, dem ich bis zum Ende folgen musste, um an einem quiekenden »Meerschweinchensee« herauszukommen. Auf der Oberfläche dieses Sees spielten die unterschiedlichsten Wellen, die unterschiedlichsten Farben und Strukturen. Ich sah Glattes und Gekräuseltes, Weißes und Braunes, Rotäugiges und Dunkeläugiges, Kleines und Großes, Fressendes und Schlafendes, mich Anblickendes und mich Ignorierendes. Es waren bestimmt weit über einhundert Meerschweinchen, also auch weit über vierhundert Beinchen und zweihundert Öhrchen, die in einer überdimensionalen, mit Stroh gefüllten Holzkiste zu einem einzigen Bild verschmolzen. Es gab Gruppenbildungen – unterschiedlich große Fellwolken, die in der einen oder anderen Ecke oder auch mittendrin hockten –, aber nie hatte man das Gefühl, dass sich bestimmte Rassen oder Nationen absonderten. Immer waren die Fellwolken bunt zusammengeschoben und bestanden aus Albinos und Nichtalbinos, Langköpfigen und Stumpfköpfigen, Kurzhaarigen und Langhaarigen, Rosettigen und Nicht-Rosettigen…

Meist stieg ich sofort in die Kiste und das Gequieke wurde nochmals lauter. Es war die übliche Anfangspanik, die sich breitmachte –

ein Gewusel von Beinchen im Stroh –, aber inzwischen wusste ich ja, wie ich mich zu verhalten hatte: Ich setzte mich sofort hin und rührte mich nicht mehr. Gewöhnlich dauerte es nicht lange, bis es wieder leiser wurde und die ersten Meerschweine langsam und neugierig quiekend auf mich zutrippelten, um zu sehen, was für ein »Gulliver« denn diesmal an ihrer Küste gelandet war. Manchmal streckte ich mich auch der Länge nach im Stroh aus und ließ die Fellzwerge von allen Seiten kommen und an mir herumknabbern und herumzerren. Sollten sie mich ruhig gefangen nehmen! Ich schloss die Augen und schwamm im Fell. In solchen Momenten vergaß ich immer, dass alle Inselbewohner früher oder später in Raubtier- und Schlangenmägen landen würden – bis auf wenige Ausnahmen.

Die Meerschweine, die wir in meiner Kindheit zu Hause gehalten und vergöttert hatten, waren allesamt aus genau diesem Meerschweinchenkeller des Leipziger Zoos herausgetragen und gerettet worden. Sie hatten sich zum Verwechseln ähnlich gesehen. Alle »Lissis« meiner Kindheit – Lissi 1, Lissi 2, Lissi 3 und Lissi 4 – waren glatthaarig und dunkeläugig gewesen und hatten ein seidig glänzendes Fell in Goldagouti besessen. Agouti ist der Name für die Wildfarbenen und für die Wildfarbe an sich, wie sie auch bei anderen Haustieren, zum Beispiel Kaninchen, Ratten und Mäusen vorkommt. Diese Wildfarbe wirkt einfach und rustikal, obwohl sie sich auf komplexe Weise zusammensetzt. Neben den gröberen Grannenhaaren, die immer einfarbig schwarz sind, ist die Mehrheit der kürzeren und feineren Haare dreifach gebändert. Auf ein längeres schwarzes Band am Haaransatz folgen beim Goldagouti ein schmaleres rotes Band und schließlich ein schmales schwarzes Band an der Haarspitze. Ein nicht wirklich zu fassender, schillernder, herrlicher Glanz ist zu beobachten. Einzig am Bauch, am Kinn und um die Augen herum wirken die Goldagoutis einfarbig rot. Hier haben die Haare nur ein schmales schwarzes Band am Haaransatz, dem ein breites rotes folgt, das bis zur Haarspitze reicht. Kurz gesagt, meine Familie war auf die Haltung von agoutifarbenen Meerschweinchen spezialisiert. Mein Vater hatte uns davon überzeugt, dass wildfarbene Meersäue nicht nur die schönsten, sondern auch die besten und widerstandsfähigsten seien, was sich auch insofern bewahrheitete, als unsere Lissis bestimmte Spielabenteuer locker wegsteckten, wo vielleicht ein Rosettenmeerschwein die Nerven verloren hätte. Einige Lissis wurden regelrecht verbaut, steckten stundenlang in Western-Saloons fest und guckten durch winzige Fenster oder hockten im Kunstgrastunnel unserer Modelleisenbahn und mussten Güterzüge aufhalten. Doch eine echte Lissi machte nicht schlapp, schimpfte vielleicht ab und zu mit uns, aber hatte ansonsten gute Laune. Jeden Sommertag sammelten wir fleißig Löwenzahn in den verwilderten Hinterhöfen zwischen Fockestraße und Brandvorwerkstraße und sahen zu, wie jedes einzelne Blatt wie auf einem Fließband in den kleinen, graulippig umrandeten Mund einfuhr und verschwand, um im Inneren der Wundersau in immergleich geformte, länglich-dunkle Köttel transformiert zu werden. Unsere Lissis waren unersättlich und wir liebten sie. Auch mein Vater konnte nicht genug von ihnen bekommen. Obwohl er im Zoo eine Menge exotische Tierfreundschaften unterhielt, liebte er doch Meerschweinchen und ihr kontaktfreudiges Rufen und Begrüßen in besonderer Weise. Schon als Kind hatte er Meerschweinchen und Kaninchen (speziell »Große Holländer«) gezüchtet, war mit ihnen groß geworden und bestand nun darauf, dass es bei uns zu Hause immer Meerschweinchen gab und keine »Meerschweinchenpausen«. Er selbst beschrieb seine Liebe zu Meerschweinchen einmal so: »Wenn es irgendwie zeitlich möglich ist und ich bei meinem tierärztlichen Rundgang, der ›Zoo-Visite‹, in der Nähe der Meerschweinchenställe vorbeikomme, dann schmunzeln schon Tierpfleger, Inspektor, Direktor und Kollegen, da sie wissen, dass es mich für einige Minuten zu diesen herrlichen kleinen Nagern zieht wie andere Männer an die Spielzeugeisenbahn ihrer Kinder.«

Der einzige Nachteil unserer Meerschweinchenhaltung war, dass es viel schneller als bei einem Hund oder einer Katze, meist schon nach wenigen Jahren, zu Todesfällen, also »Lissi-Verlusten«, kam. Auch wenn mein Vater sich noch so anstrengte, waren einmal erkrankte Lissis nur selten zu retten. Dann musste eine neue Lissi her. Die alte wurde ein oder zwei Tage aufgebahrt und betrauert, danach in Tücher eingewickelt und zum Tierpräparator gebracht. Hatte die Aufbahrung nicht allzu lange gedauert, standen die Chancen gewöhnlich recht gut, dass der kleine Leichnam zu einem Ganzkörperpräparat umgewandelt werden konnte, das unserer echten Lissi zumindest ähnlich sah. Waren aber zu viele Stunden seit dem Meerschweinchentod vergangen oder war es zu heiß gewesen, dann hatten schon stärkere innere Zersetzungsprozesse begonnen, was dazu führte, dass mein Vater mit einem holzwollegefüllten Schrumpeltier nach Hause kam, einem missglückten Präparat, das mich erschreckte und enttäuschte, das ich aber dennoch gewohnheitsmäßig ins Regal über meinem Kinderschreibtisch stellte. Ausnahmslos alle Lissis waren dort aufgereiht und standen festgenagelt auf einem kleinen, grün oder braun angemalten Holzscheit. Manche von ihnen wirkten, als wären sie noch in Bewegung, hatten ein Beinchen in der Luft oder reckten ihr Köpfchen in die Höhe, als ob sie mich gleich rufen würden, was mir gefiel und was auf einen guten Präparator hindeutete. Alles in allem lässt sich sagen, dass ich immer mit großer Freude dem Augenblick entgegenfieberte, in dem die Wohnungstür aufging und ich wusste, dass mein Vater vom Präparator kam. Trotz aller Trauer war es jedes Mal eine Art Bescherung, eine ritualisierte Wiederauferstehung, die stattfand, wenn das ausgestopfte Meerschwein ausgewickelt wurde. Tatsächlich halfen mir die Präparate, mit den Verlusten besser zurechtzukommen, genauso wie es meinem Vater geholfen hatte, einige Felle seiner ehemaligen Zoolieblinge zu Hause auszubreiten. Die ausgestopften Lissis beruhigten mich, selbst dann noch, wenn sie verschrumpelt waren. Ich nahm sie oft aus dem Regal, streichelte sie, klopfte ihnen den Staub aus dem Fell und manchmal stellte ich sie auch mit ihrem kleinen Holzscheit an den Füßen zu einer neuen, lebendigen Lissi in die Kiste, um zu sehen, ob sich alle Lissis auch untereinander gut verstanden.

Bevor aber eine neue Lissi in der Holzkiste sitzen konnte, musste sie zunächst einmal im Meerschweinchenkeller des Leipziger Zoos gefunden werden. Oder besser gesagt: erkannt werden. Es war ein bisschen so, als ob man die Reinkarnation des Dalai Lama suchen würde, kurz nachdem der alte gestorben war. Ich saß jedes Mal wie gelähmt im »Meerschweinchenmeer«. Mein Vater war auf Visite gegangen und ich wusste, dass ich etwa eine Stunde Zeit hatte, um unsere neue Lissi zu finden. Der Ernst der Situation und die vorgestellten Folgen meiner Wahl bewirkten, dass mir speiübel wurde. Ich durfte nur ein einziges dieser Meerschweine retten und es sollte ein Mädchen sein, eine Meersau also, und eine wildfarbene, dunkeläugige dazu – das waren die unverrückbaren Dalai-Lissi-Kriterien, die mir mein Vater eingeimpft hatte. Ich konnte ihn gut verstehen, ich wollte ja auch wieder eine Lissi, ein Agouti, und trotzdem kam ich mir in meiner Liebe zu den Agoutis plötzlich vor wie ein rassistischer Gott. Denn ein kleiner Gott, ein Entscheider über Leben und Tod, war ich ja tatsächlich in diesem Moment. Und jedes Mal war ich heillos überfordert. Zum einen gab es Dutzende Agoutis im Meerschweinchenstall, aus denen ich auswählen musste, zum anderen fühlte ich deutlicher als sonst, dass alle anderen Meerschweine – jedes weiße und gescheckte, langhaarige und rotäugige, gekräuselte und rosettige – absolut verloren waren.

Ich schaute mir alle Agoutis genauer an, versuchte, jedes einzelne zu fangen, um es eine Weile in der Hand zu halten und zu streicheln, und wartete im Grunde auf ein Zeichen, die wahre Lissi-Nachfolgerin gefunden zu haben. Aber das Zeichen blieb aus. Blieb immer aus. Nach einer Stunde kam mein Vater zurück, hockte sich neben die riesige Holzkiste und wollte wissen, welches die Auserwählte sei. Manchmal schüttelte ich einfach nur den Kopf, aber manchmal begann ich auch leise zu weinen. Wenn mich mein Vater dann so elend und entscheidungsschwach vorfand, fragte er mich, welches von den Agoutis denn das ruhigste, zahmste sei. Ich hatte versucht, mir die besonders Zahmen zu merken, denn es waren mehrere gewesen, die sich von mir leicht hatten einfangen und halten lassen, aber jetzt fand ich sie nicht wieder in dieser Masse von Meerschweinen und mein Herz pochte immer heftiger.

»Fang mal ein paar«, sagte mein Vater und stieg zu mir in die Holzkiste. Er gab mir nicht das Gefühl, dass wir es plötzlich eilig hatten, nachdem schon eine ganze Stunde ohne Entscheidung vergangen war, er sagte nur ganz ruhig: »Fang mal ein paar und ich schau dir zu.«

Genau das tat ich und mein Vater sagte eine Weile nichts, beobachtete nur. Schließlich begann er aber doch Vorschläge zu machen: »Wie wärs denn mit dem da, das sitzt doch ganz ruhig auf deinem Schoß« oder: »Das da ist doch auch ganz lieb, das frisst ja schon aus deiner Hand« oder: »Dreh doch das da mal um, ich will sehen, ob es ein Weibchen ist« und so weiter. Irgendwann wurde mir klar, dass mein Vater überhaupt nur diejenigen in die engere Wahl zog, die von Anfang an ruhig und unängstlich waren. Der erste Eindruck war entscheidend, wie bei einem Bewerbungsgespräch. Mit dem Unterschied allerdings, dass alle Abgelehnten sich nie wieder irgendwo anders bewerben konnten.

Ich muss gestehen, dass ich mich in meiner Überforderung letztlich immer diesen Auswahlkriterien meines Vaters gebeugt habe. Ich habe keine Meerschweinchenrowdys und keine Meerschweinchenschisser mit nach Hause genommen mit dem Ziel, sie erst noch zu zähmen und zu beruhigen. Im Grunde habe ich nie etwas gewagt. Vielleicht muss ich mich ja irgendwann im Meerschweinchenhimmel für meinen fehlenden Mut verantworten. Andererseits, wenn ich dann mit dem neuen Meerschwein auf dem Schoß im Wartburg saß und wir nach Hause fuhren, wo die leere Holzkiste stand, die ich bereits mit frischem duftendem Heu gefüllt hatte, dann überkam mich immer eine große, unbändige Freude. Ich hatte eine neue Lissi im Arm, die der alten zum Verwechseln ähnlich sah und schon jetzt die Ruhe weghatte; ganz so, als ob wir uns schon Jahre kennen würden.

Das mit Abstand Beste aber, das mir und den Meerschweinchen im Leipziger Meerschweinchenkeller passieren konnte, waren meine Kindergeburtstagsfeiern. Diese waren dank meinem Vater legendär geworden. Alle Kinder aus meiner Kindergartengruppe und später aus meiner Schulklasse wollten eingeladen werden, was organisatorisch gar nicht möglich war, es konnte nur Auserwählte geben. Jedes Mal ließ sich mein Vater etwas Besonderes einfallen, angefangen mit Kremserfahrten durch den Wildpark über Kleinmessebesuche bis hin zu Zooführungen, die immer im Meerschweinchenkeller endeten. Dort durfte sich jedes Kind ein Meerschweinchen für zu Hause aussuchen, ohne dass es mit den Eltern vorher abgesprochen war. Aber das war mir egal: Alle meine Freunde retteten Meerschweinchen, jeder Einzelne von ihnen, und nur darauf kam es an!

Wenn wir am Ende des Tages vom Zoo zurück in den Süden fuhren, wo wir alle wohnten, dann war eine große Seligkeit in den Gesichtern zu erkennen. Für einige meiner Freunde war es das erste Haustier überhaupt. Bestimmt waren wir ein bis zwei Stunden im Meerschweinchenkeller gewesen, bevor sich alle ihr passendes Meerschwein ausgesucht hatten. Ich musste mich zurückhalten, weil wir schon Lissi zu Hause hatten, aber mir juckten wie immer die Finger. Und trotzdem stellte ich am Ende zufrieden fest, dass diesmal nicht nur Agoutis gerettet worden waren, sondern auch weiße, rotäugige und rosettige Meerschweine mit uns in der Straßenbahn fuhren.

Dann kam der Augenblick der Wahrheit: die Ankunft zu Hause bei den überrumpelten Eltern. Ich war nie dabei, weil meine Freunde allein mit ihren Meerschweinen nach Hause gingen, aber soweit ich mich erinnere, kam nicht ein einziges der geretteten Meerschweine jemals zurück in den Meerschweinchenkeller oder wurde bei uns wieder abgegeben. Die Eltern meiner Freunde hatten sich mehr oder weniger geräuschlos dem Rettungsplan gefügt und alle Nagergeschenke meines Vaters akzeptiert. Gut möglich, dass es noch einzelne, halb verzweifelte Telefonate in den nächsten Tagen gab, Telefonate, in denen mein Vater die neuen Meerschweinchenbesitzer beruhigte und in die Haltung und Pflege der Tiere einwies und ihnen jede tierärztliche Unterstützung zusicherte, falls diese einmal nötig sei, aber davon bekam ich nie etwas mit. Letztlich endete alles mit einem großen Erfolg. Auch mit einem großen Erfolg für mich. Aufgrund der verschenkten Meerschweine wurde ich ein VIP-Gast bei vielen anderen Kindergeburtstagsfeiern.

Zum Ende noch eine letzte Meerschweinchen-Erinnerung. Auch wenn sie nicht so recht zu meinen seelischen Qualen im Meerschweinchenkeller passen will, will ich sie dennoch nicht verschweigen. Zu meiner Verteidigung könnte ich sagen: Ich habe mir nie eine Meerschweinchenfellweste gewünscht, und mein Bruder auch nicht, wir haben unsere Meerschweinchenfellwesten einfach bekommen! Das Einzige, was wir uns vielleicht vorwerfen müssen, ist, dass wir faschingsverrückt waren und jedes Jahr ein anderes und möglichst ausgefallenes Kostüm tragen wollten. In den beiden Jahren zuvor war ich sehr erfolgreich als Schwein und als Wolf gegangen, alles maßgeschneidert von meiner Tante Lilo. Aber irgendwann wollte ich auch mal ein Cowboy sein. Und auch mein Bruder wollte ein Cowboy sein. Die notwendigen Waffen und die Munition hatten wir bereits zu Weihnachten bekommen: silberne Plasterevolver und grüne Zündplättchenrollen. Was noch fehlte, waren die richtigen Cowboysachen. – Ohne dass wir es wussten, ließ mein Vater für uns zwei Meerschweinchenfellwesten anfertigen, die uns kurz vorm Fasching feierlich überreicht wurden. Wir fragten damals nicht, woher die Felle kamen, aber die einzige Erklärung für mich heute ist, dass sie alle aus dem Meerschweinchenkeller des Leipziger Zoos stammten. Mein Vater hatte bestimmt einem Dutzend geschlachteten Meersäuen, die verfüttert werden sollten, das Fell abziehen lassen und zu Tante Lilo gebracht. Ich bin 4 ½ Jahre jünger als mein Bruder und wir bekamen die Westen, als wir ungefähr sechs und zehn Jahre alt waren. In meiner Cowboyweste steckten mindestens vier Meerschweinchenfelle, bei meinem Bruder doppelt so viele. Die Westen waren kunterbunt gescheckt: glatt und rosettig, hell- und dunkelhaarig, braun und weiß, aber kein einziges Agouti war dabei. Mein Vater hatte es anscheinend nicht übers Herz gebracht. Mein Bruder und ich waren mehr als erstaunt, eine Weile entsetzt, als wir die Westen entgegennahmen, aber die Freude überwog schließlich. Und unser Ansehen stieg beträchtlich. Wir wurden die coolsten Meerschweinchenfellcowboys der gesamten Deutschen Demokratischen Republik. Wir trugen zwei Jahre lang stolz unsere Westen bei Wind und Wetter, nicht nur zur Faschingszeit, dann waren wir endgültig aus ihnen herausgewachsen. Danach hingen sie nur noch im Kleiderschrank wie kleine abgestreifte Pellen. Wir schauten ab und zu hinein und versuchten, nicht zu weinen. Nie wieder würden wir Meerschweinchenfellwesten tragen. Der Wilde Osten lag hinter uns.

41

42

41 _ Robert Elze (2. v. l.) mit Schulkameraden und Gorilla
im Zoo Leipzig, um 1979
42 _ Robert Elze mit Orang-Utan-Weibchen »Dunja«
im Zoo Leipzig, um 1980

43

43 _ Robert Elze (r.) vor dem Leipziger Zooschaufenster, 1976

44

44 _ Robert Elze (l.) mit Freund und Meerschweinchen, um 1973

Meerschweinchengeburt

Von Zeit zu Zeit gab es auch Meerschweinchengeburten in meiner Kindheit, fast immer mitten in der Nacht und, wie es für Meerschweinchen typisch ist, nahezu geräuschlos. Dann wurden mein Bruder und ich am nächsten Morgen wach, hatten alles verpasst, aber blickten dennoch glücklich in die reich gefüllte Kiste, die bei uns im Kinderzimmer stand, direkt neben der Schrankwand.

Natürlich kamen unsere Lissis nicht wie die Jungfrau zum Kind, sondern wir hatten einige Jahre lang auch einen »Moritz« zu Hause, ein bunt geschecktes Kurzhaarmännchen, auf dessen Libido Verlass war. Einmal erlebten wir eine Meerschweinchengeburt tatsächlich mitten in der Nacht. Wir waren zufällig aufgewacht oder gar nicht erst eingeschlafen, ich kann mich nicht mehr genau entsinnen. Später verarbeitete ich diese Meerschweinchengeburt zu einem kleinen Drehbuch und nahm mir alle möglichen Freiheiten heraus. Aus mir und meinem Bruder wurden ein kleines Mädchen und ein etwas älterer Junge, und die Dialoge wuchsen wie aberwitzige Möhren in den Himmel. Wie von Geisterhand wurde gezogen und gezogen, und am Ende saß ich auf einem Berg von Zeilen wie diesen:

INNEN. KINDERZIMMER. NACHT

Es ist dunkel im Kinderzimmer, aber man sieht die Umrisse der Möbel, unter anderem eine Schrankwand und ein Doppelstockbett. MATHILDA (6 Jahre), von allen MATTI genannt, und ALBERT (10 Jahre) schlafen bereits, Matti unten und Albert oben. Unweit des Bettes steht eine große Holzkiste, in der es raschelt. Jetzt hört man, wie sich jemand im Bett bewegt. Matti ist wach geworden und steigt aus dem Bett. Sie hockt sich neben die Kiste und schaut hinein.

MATTI *(flüsternd)*: »Lissi? Kriegst du jetzt Babys?«

Das Rascheln wird lauter. Matti geht zurück zum Doppelstockbett und klettert die Leiter hoch. Sie tippt Albert an.

MATTI *(leise)*: »Albert.«

Albert rührt sich nicht.

MATTI *(lauter)*: »Albert.«

Albert richtet sich ein wenig im Bett auf.

ALBERT *(wie betäubt)*: »Was ist denn?«

MATTI: »Lissi kriegt Babys.«

ALBERT *(immer noch wie betäubt)*: »Echt. Ist schon eins da?«

MATTI: »Nein, aber bestimmt gleich. Ich sag Mama Bescheid.«

Matti will los, aber Albert hält sie plötzlich am Arm fest.

ALBERT: »Warte doch mal! Bleib hier!«

MATTI: »Lass mich los, ich will zu Mama.«

ALBERT: »Da dürfen aber nicht so viele zugucken!«

MATTI: »Häh, wieso?«

ALBERT: »Weil das blöd ist für Lissi.«

MATTI: »Und wieso?«

ALBERT: »Wieso, wieso! Du willst doch auch nicht, dass alle glotzen, wenn du mal Kinder kriegst.«

MATTI: »Doch.«

ALBERT: »Quatsch, du hast ja gar keine Ahnung.«

MATTI: »Und du auch nicht. Ich geh jetzt zu Mama. Lass mich los!«

ALBERT *(Matti loslassend)*: »Wenn du jetzt zu Mama gehst, darfst du bestimmt nicht zugucken.«

MATTI: »Wieso?«

ALBERT: »Weil du noch zu klein bist, wegen dem ganzen Blut und so.«

MATTI *(kleinlaut)*: »Ach so.«

Matti schweigt und denkt nach.

ALBERT: »Und? Gehste jetzt zu Mama oder nicht?«

MATTI *(leise)*: »Nein.«

ALBERT: »Na also. Mach mal Platz!«

Matti steigt zuerst die Leiter runter, dann folgt Albert. Albert macht ein kleines Licht an. Man sieht das Kinderzimmer und die Kinder zum ersten Mal deutlich. Albert und Matti hocken sich vor die Holzkiste und schauen hinein. In einer Ecke sitzt die hochträchtige Meersau LISSI in einer Heukuhle und wirkt ganz ruhig. In einer anderen Ecke hockt MORITZ, der zukünftige Meerschweinchenvater, und knabbert am Heu.

ALBERT: »War nur falscher Alarm.«

MATTI: »Nein, Lissi kriegt gleich Babys, das weiß ich genau.«

ALBERT: »Das kannste gar nicht wissen.«

MATTI: »Doch, kann ich. Ich kenn mich viel besser mit Meerschweinchen aus als du. Mama hat mir das ganze Meerschweinchenbuch vorgelesen.«

ALBERT: »Na und, ich kann selber lesen.«

MATTI: »Und weißt du auch, wie viele Babys Meerschweinchen kriegen können?«

ALBERT: »Kommt auf die Größe an. Etwa zehn.«

MATTI: »Falsch, ein bis sechs. Hoffentlich kriegt Lissi sechs.«

ALBERT: »Dann hat jeder drei.«

MATTI: »Nein, du willst deine nur im Zooladen verkaufen, aber da werden sie von Schlangen gefressen.«

ALBERT: »Quatsch, will ich gar nicht…«

MATTI: »Doch, weil die immer Schlangen haben, und Schlangen fressen alles auf einmal auf. Guck mal, was Lissi macht!«

ALBERT: »Komisch, wie die sich hinhockt.«

MATTI: »Die kriegt jetzt Babys.«

ALBERT: »Oder es ist 'ne Übung.«

MATTI: »Wieso Übung?«

ALBERT: »Na, denkste, die flutschen einfach so raus? Bei Mama hats ganz lange gedauert und die hat richtig Schmerzen gehabt.«

MATTI: »Und woher weißt du das?«

ALBERT: »Weiß ich eben.«

MATTI: »Lissi hat aber keine Schmerzen.«

ALBERT: »Deshalb ist es ja nur 'ne Übung.«

Matti und Albert gucken schweigend in die Kiste.

MATTI: »Dem Moritz ist alles egal.«

ALBERT: »Bestimmt, weil die Eier ab sind.«

MATTI: »Der wurde letzte Woche rasiert, oder?«

ALBERT: »Kastriert!«

MATTI: »Und wieso kasriert?«

ALBERT: »Kastriert heißt das.«

MATTI: »Aber wieso?«

ALBERT: »Keine Ahnung, das heißt eben so.«

MATTI: »Ich meine, warum der Moritz keine Eier mehr hat?«

ALBERT: »Ach so. Na, dass er nicht immer neue Babys macht. Wenns nach dem geht, der würde unsre ganze Wohnung mit Meerschweinchen voll machen.«

MATTI: »Das wär super!«

ALBERT: »Zum Verkaufen wärs nicht schlecht.«

MATTI: »Und ist Papa auch kastriert?«

ALBERT: »Wie kommst'n da drauf? Haste noch nie Papas Eier gesehn?«

MATTI: »Und wieso kommen dann keine Babys mehr bei Mama?«

ALBERT: »Die haben so Dinger…«

MATTI: »Häh?«

ALBERT: »Kondome.«

MATTI: »Was is'n das?«

ALBERT: »So Dinger, wo nix passiert.«

MATTI: »Und wie sehen die aus?«

ALBERT: »Weiß ich auch nicht genau. Mann, du fragst und fragst, das nervt langsam.«

MATTI: »Und warum hat Moritz keine Kondome gekriegt?«

ALBERT: »Keine Ahnung, wahrscheinlich zu teuer.«

MATTI: »Äh, da guckt ja hinten was raus!«

ALBERT: »Gibts ja nicht! Das is 'n Kopf. Krass.«

MATTI: »Wahnsinn.«

ALBERT: »So ein Mist, dass ich keinen Fotoapparat hab, das flutscht gleich raus.«

MATTI: »Siehste, ist doch keine Übung.«

ALBERT: »Nee.«

MATTI: »Aber die Lissi weint ja gar nicht.«

ALBERT: »Denkste, Meerschweinchen heulen?!«

MATTI: »Na, wenns so weh tut wie bei Mama. Oh, guck mal, das Baby kommt raus!«

Albert und Matti schauen wie gebannt zu.

MATTI: »Sieht aus wie Moritz!«

ALBERT: »Cool, gefleckt.«

MATTI *(zu Moritz)*: »Guck doch mal, Moritz, dein Baby!«

Moritz knabbert unbeeindruckt am Heu.

ALBERT: »Der hat nur Fressen im Kopf, total bescheuert.«

MATTI: »Moritz, jetzt sag mal: Hallo! –
(enttäuscht) Der ist echt blöd.«

ALBERT: »Sag ich doch.«

Matti und Albert schauen schweigend zu.

MATTI *(plötzlich beunruhigt)*: »Albert, guck mal, die Lissi, die beißt! Wieso beißt die denn? Hör auf, Lissi!«

ALBERT: »Die frisst das Baby auf, weil du sie nicht genug gefüttert hast.«

MATTI *(jetzt sehr aufgeregt und ängstlich)*: »Stimmt gar nicht! Lissi, bitte nicht! Bitte hör auf!«

ALBERT: »Mann, das war 'n Scherz. Sei leise!«

MATTI: »Igittigitt, die frisst das außenrum auf.«

ALBERT: »Sieht aus wie 'ne Hülle. Voll krass.«

MATTI: »Und warum frisst die Lissi das?«

ALBERT: »Vielleicht doch 'n Zombiemeerschwein.«

MATTI: »Stimmt gar nicht! Ich hol jetzt Mama.«

Matti springt auf und ist schon an der Tür.

ALBERT: »Hey, warte mal. Guck dir das an! Lissi leckt das Baby ab.«

Matti kommt langsam zurück und hockt sich wieder hin.

MATTI: »Ooh, wie süß! Ooh, ist das niedlich.«

ALBERT: »Echt cool – das nehm ich!«

MATTI: »Nein, ich will das!«

ALBERT: »Mann, da kommen doch noch mehr.«

MATTI *(lauter)*: »Ich will aber das! Sonst hol ich Mama.«

ALBERT: »Bist du verrückt! Sei leise!«

MATTI: »Ich will aber das!«

ALBERT: »Dann hol doch Mama, du alte Petze! Wirst schon sehn.«

MATTI: »Ich will aber das Gefleckte!«

ALBERT: »Mann, von mir aus. Dann nehm ich eben das Nächste.«

MATTI: »Wenn noch eins kommt. Die kriegen nämlich nur ein bis sechs Babys.«

ALBERT: »Klar kommt noch eins, Lissi ist noch total fett.«

Matti und Albert schauen schweigend in die Kiste.

MATTI: »Die Lissi ist so lieb. Wie die leckt. Ich nenn meins Matti.«

ALBERT: »Wie du? Ist ja blöd.«

MATTI: »Wieso?«

ALBERT: »Na, weil dein Name blöd ist.«

MATTI: »Stimmt gar nicht. Das sag ich Mama. Du bist bloß neidisch auf meins.«

ALBERT: »Und wenns ein Junge ist?«

MATTI: »Weiß ich noch nicht. Aber niemals Albert.«

ALBERT *(lacht verächtlich)*: »Ist mir doch Pups.«

Schweigen.

MATTI: »Ooh süß, Matti kuschelt sich richtig an Lissi.«

ALBERT: »Quatsch, die will Milch.«

MATTI: »Wie Menschenbabys?«

ALBERT: »Klar, denkste, die trinken Cola?«

MATTI: »Guck mal, die Lissi drückt wieder.«

ALBERT: »Cool, jetzt kommt meins.«

MATTI: »Und wie willst du's nennen?«

ALBERT: »Vielleicht Tarzan. – Super, Lissi, drücke! Drück, drück!«

MATTI: »Und wenns ein Mädchen ist?«

ALBERT: »Ist aber keins.«

MATTI: »Kannst du gar nicht wissen.«

ALBERT: »Klar, ich hab 'nen Röntgenblick.«

MATTI: »Häh? Was is'n das?«

ALBERT: »Erklär ich dir später. Ey Tarzan, komm raus!«

MATTI: »Plumps, da ist er.«

ALBERT: »Super.«

MATTI: »Ganz braun wie Lissi.«

ALBERT: »Sieht super aus.«

MATTI: »Meins ist ein bisschen größer.«

ALBERT: »Na und?«

MATTI: »Ist ja auch egal, jeder hat seins.«

ALBERT: »Brave Lissi! Schön rauspulen, meinen Tarzan! So ist gut.«

Matti und Albert schauen wieder dabei zu, wie Lissi mit ihren Zähnen die Eihülle von ihrem Jungen entfernt und auffrisst.

MATTI: »Sieht gar nicht sooo eklig aus.« *(das Gesicht spricht aber eine andere Sprache)*

ALBERT: »Na ja, geht so.«

MATTI *(nach einer kurzen Pause)*: »Hat Mama das auch gegessen?«

ALBERT: »Klar.«

MATTI *(angeekelt)*: »Äääh.«

ALBERT: »Und du musst das später auch essen.«

MATTI *(erschrocken)*: »Tu ich aber nicht!«

ALBERT: »Musst du aber.«

MATTI *(lauter)*: »Will ich aber nicht!«

ALBERT: »Dann kannste auch keine Babys kriegen.«

    Matti wird still.

ALBERT: »Brave Lissi, leck meinen Tarzan ab!«

MATTI *(leise)*: »Und warum ist das so wichtig?«

ALBERT: »Was?«

MATTI: »Na, das mit der Hülle.«

ALBERT: »Vielleicht wegen Vitaminen oder so. Musste mal Mama fragen.«

MATTI: »Aber ich ess doch immer ganz viel Obst.«

ALBERT *(zieht die Schultern hoch)*: »Auf jeden Fall musst du's essen. Haste ja gesehn.«

    Kurzes Schweigen. Matti ist wieder sehr nachdenklich.

ALBERT: »Und wie findest du Tarzan?«

MATTI *(klingt abwesend)*: »Auch niedlich.«

ALBERT: »Der ist super! *(zu Matti)* Was ist denn los?«

MATTI: »Dann will ich eben keine Babys.«

ALBERT: »Wieso? Wegen der Hülle?«

Matti schaut düster drein und nickt.

ALBERT: »Also ich will welche. Aber ich muss ja auch nicht diese eklige Hülle essen.«

MATTI: »Das ist ungerecht!«

ALBERT: »Wieso? Männer müssen dafür kämpfen, das ist viel gefährlicher.«

MATTI *(jetzt fast weinerlich)*: »Na und, ich will aber nicht so was Ekliges essen!«

ALBERT: »Jetzt heul doch nicht rum! Vielleicht erfinden die später noch irgendwas.«

MATTI: »Was denn?«

ALBERT: »Na, dass du nur 'n ganz kleines Stück essen musst und ansonsten Tabletten kriegst oder so was.«

MATTI *(noch skeptisch, aber schon etwas beruhigt)*: »Hmm.«

ALBERT: »Mann, die drückt schon wieder, cool.«

MATTI: »Das nächste Baby ist aber für mich.«

ALBERT: »Wieso?«

MATTI: »Immer abwechselnd.«

ALBERT: »Neenee, dann kommt nix mehr raus und du hast dann zwei und ich nur eins! Ich bin doch nicht blöd.«

MATTI: »Na gut, dann eben für Mama.«

ALBERT *(nicht begeistert)*: »Von mir aus.«

Beide warten wieder gespannt.

MATTI: »Plumps, da ist es. Ooh, süß. Wieder ganz braun.«

ALBERT: »Tarzan ist schöner.«

MATTI: »Wieso?«

ALBERT: »Sieht irgendwie mickrig aus. Bestimmt 'n Mädchen.«

Beide schauen wieder eine Weile schweigend und etwas angeekelt in die Kiste.

ALBERT: »Alles aufgefressen. Jetzt kommt bestimmt nix mehr.«

MATTI: »Wieso?«

ALBERT: »Weil Lissi wieder normal dick ist, siehste doch.«

MATTI: »Und wie soll das von Mama heißen?«

ALBERT *(genervt)*: »Am besten Mama.«

MATTI: »Nein, Lissi ist die Mama. Ich frag Mama selbst.«

ALBERT: »Dann eben Arschpups.«

MATTI: »Du bist ja nur sauer, weil Mama vorhin mit dir geschimpft hat.«

Matti springt auf und ist schon fast an der Tür.

ALBERT: »Hey, warte doch mal!«

MATTI: »Nein, ich geh jetzt zu Mama.«

Matti verlässt das Zimmer.

ALBERT *(Matti meinend)*: »Blöde Nuss!«

Albert ist im Kinderzimmer geblieben und starrt in die Kiste. Dann streichelt er seinen Tarzan, danach Lissi, Moritz, Matti und das zuletzt geborene Meerschweinchen.

ALBERT: »Tarzan, du bist super! Du auch, Lissi. Brave Lissi. Na, Moritz, du Pfeife. Du bist auch süß, Matti. Und du auch, Arschpups… klingt doch gut.«

Matti kommt mit der verschlafenen Mutter ins Zimmer zurück. Die MUTTER (um die 40) streicht Albert kurz über den Kopf und hockt sich dann lächelnd dazu.

MUTTER: »Die sind ja süß.«

MATTI *(der Mutter erklärend)*: »Das ist meins, das heißt Matti, und das da ist von Albert und heißt Tarzan. Und das da ist für dich.«

MUTTER: »Danke, Matti. Die sind ja hübsch. Und wie munter die alle schon sind.«

MATTI: »Und wie nennst du deins?«

MUTTER: »Na ja, kommt drauf an, ob es ein Junge oder ein Mädchen ist.«

MATTI: »Sieht aus wie 'n Mädchen.«

MUTTER: »Findest du? Na, dann sag ich… *(schaut Albert von der Seite an, der immer noch etwas beleidigt wirkt)*… Alberta.«

Matti muss kichern und Albert grinst ein bisschen. Dann schauen alle drei wieder schweigend in die Kiste, wo die Meerschweinchenjungen schon herumkrabbeln.

MATTI: »Mama?«

MUTTER: »Ja?«

MATTI *(zögernd)*: »Hast du auch was gegessen bei der Geburt?«

MUTTER *(lächelnd)*: »Gegessen? Nein, bei der Geburt nicht, Matti, da hatte ich viel zu viel zu tun.«

MATTI: »Ich meine danach, als das Baby raus war.«

MUTTER: »Ja, stimmt, jetzt fällts mir wieder ein: Bei dir hatte ich wirklich Hunger danach, das weiß ich noch.«

MATTI: »Und bei Albert?«

MUTTER: »Bei Albert nicht so, da war ich ganz müde. Aber bei dir gings auch viel schneller. Du wolltest ja schon im Auto zur Welt kommen.«

MATTI: »Und was hast du dann gegessen, als ich da war?«

MUTTER: »Pizza! Papa hat Pizza ins Krankenhaus kommen lassen, das war großartig.«

MATTI: »Und was noch?«

MUTTER: »Na sag mal, du fragst mich ja richtig aus. Was ist denn los?«

Matti überlegt kurz, wie sie anfangen soll.

MATTI: »Na ja, wegen Lissi. Die hat so eine Hülle gefressen, die um die Babys rum war.«

MUTTER: »Wirklich?«

MATTI: »Ja, ganz eklig.«

MUTTER: »Und jetzt denkst du, ich hab auch so was gegessen?«

MATTI: »Ja. Albert hats gesagt.«

MUTTER *(schaut Albert zärtlich an)*: »Und woher weißt du das so genau?«

Albert zuckt mit den Schultern.

ALBERT: »Menschen und Tiere sind doch gleich.«

Die Mutter wendet sich wieder Matti zu und nimmt sie in den Arm.

MUTTER: »Also, Matti, ich habe keine Hülle essen müssen. Bist du jetzt beruhigt?«

MATTI: »Ich dachte schon, ich muss… ich muss auch so was essen… *(weint plötzlich vor Erleichterung)* zum Glück nicht… zum Glück…«

MUTTER: »Matti, Matti, nicht weinen, meine Süße! Alles ist gut. Guck mal, wie niedlich die Babys sind. Und wenn du selber mal Babys willst, kannst du nach der Geburt auch Pizza essen oder Schokolade oder Eis – alles, was du willst. Aber nicht mehr weinen! Sagt mal, was haltet ihr eigentlich davon, wenn wir jetzt Eis essen?«

Matti nickt und versucht mit dem Weinen aufzuhören.

MUTTER: »Albert?«

ALBERT: »Von mir aus.«

MUTTER: »Na, dann mal los in die Küche. Die Babys müssen jetzt in Ruhe Milch trinken und wir feiern die Geburt. Alle Mann mir nach, aber leise!«

Alle drei verlassen das Kinderzimmer. Der Kamerablick geht zurück in die Meerschweinchenkiste. Gerade wird das vierte Meerschweinchenjunge geboren.

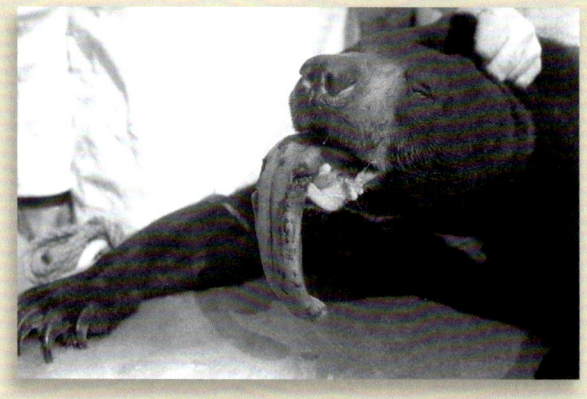

45

46

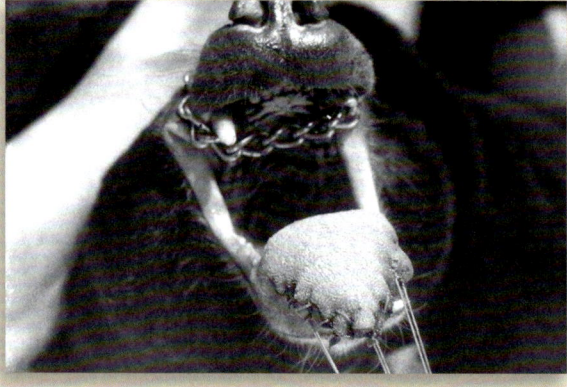

47

45–47_ Operation »Bärenzunge« im Zoo Leipzig

Tierklinik

Die Arbeit eines Zootierarztes war zu DDR-Zeiten im Gegensatz zu heute ehrenamtlich. In Leipzig gab es einen Freundschaftsvertrag zwischen der Karl-Marx-Universität und dem Zoo, der beinhaltete, dass ein Tierärztekollektiv der Sektion Tierproduktion die Verantwortung für die tierärztliche Betreuung der Zootiere sowie in Zusammenarbeit mit anderen Fachdisziplinen die Verantwortung für die Erforschung von Zootiererkrankungen übernehmen sollte. Das Kollektiv bestand aus meinem Vater, Frau Dr. Schnurrbusch und Dr. Klaus Eulenberger, dem späteren Nachfolger meines Vaters im Zoo. Die tierärztliche Heimatbasis für alle war und blieb aber die »Ambulatorische und Geburtshilfliche Tierklinik«. Mein Vater war also im Grunde ein Geburtshelfer und Tiergynäkologe sowie ein Fachmann für Neugeborenenerkrankungen, was ihm beim Kampf gegen alle möglichen Jungtierkrankheiten im Zoo von größtem Nutzen war.

Genauso oft, wie ich als Kind meinen Vater in den Leipziger Zoo begleitete, begleitete ich ihn auch auf das Gelände der Tierkliniken, das sich gegenüber dem »Kohlrabizirkus«, der früheren DDR-Großmarkthalle, befindet. Unzählige Male sah ich ihn mit seinem rechten oder linken Arm bis zum Anschlag in irgendeiner Kuh oder in irgendeiner Stute stecken, um herauszufinden, wie es um das Kälbchen oder Fohlen stand, das nicht so einfach auf die Welt kommen konnte. Alle Großtierpatienten der geburtshilflichen Tierklinik waren anders als in einem Kreißsaal für Menschen dringend auf Geburtshilfe angewiesen. Hier gab es keine normalen oder leichten Geburten, hier gab es nur komplizierte Geburten und nicht selten auch Totgeburten. Nie werde ich die stöhnenden und schmerzerfüllt blickenden Kühe im Tierklinikstall vergessen, die entweder mitten in einer Schwergeburt feststeckten oder sie gerade hinter sich hatten. Letztere hatten riesige, nahezu einen halben Meter lange Narben davongetragen. Es waren Kaiserschnittnarben, die mal besser, mal schlechter verheilten, meistens schlechter. Aber inmitten all dieser Geburtsschmerzen, inmitten all dieses Geburtsgrauens gab es auch immer wieder Lichtblicke – wunderschöne gesunde Kälber, die so schnell aus den aufgeschnittenen Bäuchen ihrer Mütter geplumpst waren, dass es den Anschein hatte, sie wären vom Himmel gefallen.

Die meisten Kuhmütter waren so mitgenommen von der Geburt und den darauf folgenden Wundschmerzen, dass ihre Kälber nicht bei ihnen liegen und von ihnen gesäugt werden konnten. Sie lagen in kleineren, mit goldfarbenem Stroh ausgepolsterten Ställen und bekamen ihre Milch entweder aus Flaschen oder aus kleinen Eimern mit riesigen Saugern. Oft durfte ich sie tränken und hatte meine Freude daran, wenn ich ihnen zuerst meine Finger ins Maul steckte, genauer gesagt auf die Zunge legte, und sie sofort gierig daran saugten. Man muss wissen, Kälbchen, aber auch ausgewachsene Kühe, haben nur im Unterkiefer Schneide- und Eckzähne, im Oberkiefer dagegen keine. Dort gibt es lediglich eine Kauplatte mit verhornter Oberfläche. Wenn man nun seinen Zeige- und seinen Mittelfinger auf die raue Kälberzunge legt (wohlgemerkt nicht unter die Zunge), dann werden die Finger nach oben an die Kauplatte gedrückt und tüchtig durchmassiert. Das ist alles, sonst passiert nichts. Es konnte also gar nicht weh tun – das war das anatomische Geheimnis, in dessen Besitz ich war und das ich nur manchmal mit dem einen oder anderen Freund teilte, der mich am Nachmittag nach der Schule in die Tierklinik begleiten durfte. Aber vorher, das hatte mir mein Vater eingerichtet, musste man sich gründlich die Hände waschen, damit die Kälber nicht krank wurden. Sie hatten noch einen empfindlichen Darm und an den Händen gab es die meisten Bakterien.

Ich wusch mir im OP-Saal minutenlang die Hände mit Seife und desinfizierte sie mir anschließend noch. Ich kam mir sehr erwachsen dabei vor. Wenn ich in den großen Spiegel überm Waschbecken blickte, dann schaute mich immer auch ein zwergenhafter Tierarzt an, obwohl ich gar nicht Tierarzt werden wollte, sondern Interflug-Pilot oder Kosmonaut. Aber in diesem Moment, im Spiegel, war ich bereit, alle Kälber dieser Welt zu retten.

Bei ausgewachsenen Kühen habe ich es übrigens nie gewagt, ihnen meine Finger ins Maul zu stecken, so weit reichte mein Mut dann doch nicht. Vielleicht rechnete ich damals auch mit zu viel Saugkraft und malte mir aus, im Ganzen in dieser wiederkäuenden Kuh zu verschwinden, beziehungsweise nicht gleich zu verschwinden, sondern immer wieder hoch- und runtergewürgt zu werden, bis der naturgemäße Ablauf beendet wäre. Heute denke ich, sie hätten gar nicht gesaugt, sondern mich mit meinen ausgestreckten Fingern wahrscheinlich nur sanft, aber verständnislos angeblickt, dann leise weitergestöhnt und ins Heu gestarrt, die armen Mädchen.

Oft saß ich im OP-Saal in einer Reihe von aufklappbaren Holzstühlen, wo sonst Studenten und Studentinnen saßen, und sah meinem Vater dabei zu, wie er schweißüberströmt versuchte, irgendein Kälbchen aus der Tiefe eines Mutterbauchs herauszuholen. Meist stand er breitbeinig in dunkelgrünen Gummistiefeln und mit einer hellen Gummischürze bekleidet hinter den Kühen. Er kniff konzentriert die Augen zusammen und suchte mit nur einer Hand in ihren Bäuchen nach der Lösung des Problems. Die stehenden, in einer Art Gerüst fixierten Kühe stöhnten laut auf, machten die Flanken hart, und mein Vater gab Anweisungen, diese oder jene Schmerzmittelgabe oder wehenfördernde Medikation zu erhöhen. Nicht selten sah die Lösung auch so aus, dass er in seiner Faust einen Strick mit in den Bauch hineinbeförderte, um ihn an den Läufen des Kälbchens zu befestigen. Dann konnte mit großer Kraftanstrengung und mit etwas Glück das verkeilte Kalb aus dem Geburtskanal herausgezogen werden. Für mich die schönsten Momente überhaupt: Wenn diese verkeilten Kälber gerade noch lebendig vor meinen Augen zur Welt kamen und mit frischem Stroh trocken gerieben wurden, dann beruhigte sich mein Herz und ich war nahezu glücklich.

Aber leider gab es auch viele Totgeburten: tote Kälber und Fohlen. Kleine schlaffe Körper, die aus ihren Müttern herausgezogen wurden und sich einfach nicht bewegen wollten, auch wenn man ihre Herzen massierte und ihnen Atem spendete. Das Leben der Mütter war durch die Geburtshilfe gerettet worden, aber es kam mir immer so vor, als ob sie trotzdem sofort in sich zusammensackten und zu trauern begannen, wenn der Schmerz nachließ und es still blieb hinter ihnen. Sie alle hatten, davon bin ich überzeugt, immer sofort begriffen, was passiert war. Ich erhob mich von meinem Holzstuhl, der quietschend hochklappte, ging nach vorn zum Kuh- oder zum Pferdekopf und streichelte ihn, versuchte ihn zu trösten, was im Grunde gar nicht möglich war. Mein schweißüberströmter, müde aussehender und oft an den Armen blutiger Vater nickte mir zu, aber sagte kein Wort.

Die allerschmerzhaftesten und für mich verstörendsten Operationen waren diejenigen, bei denen es von Anfang an feststand, dass die

Kälber schon im Mutterleib abgestorben waren, und es darum ging, diese toten und jetzt verwesenden Kälber so schnell wie möglich zu entfernen, um das Leben der Mütter zu retten. Da die normalen Geburtsabläufe und damit auch die Austreibungswehen fehlten, war es oft notwendig, die toten Kälber im Mutterleib zu zersägen, um sie in kleineren Stücken herauszuziehen. Diesen geburtshilflichen Eingriff nennt man Fetotomie. Gegenüber einer Kaiserschnitt-Operation wirkt eine Fetotomie wie das potenzierte Grauen, aber im Grunde ist sie schonender für das Muttertier, dem eine riesige, schmerzhafte Narbe erspart bleibt.

Eine Fetotomie wird mithilfe eines Fetotoms durchgeführt, ein Instrument aus Metall, das einen Sägedraht enthält. Es gibt verschiedene Arten von Fetotomen, aber ich glaube mich zu erinnern, dass mein Vater ein einrohriges und kein zweirohriges benutzte. Er nahm die metallene Röhre mit in den Geburtskanal hinein, bis er das tote Kälbchen fühlen konnte. Am Ende der Röhre gab es einen abgerundeten Kopf mit zwei Austrittsöffnungen für den Sägedraht, der eine Schlinge bildete. Die Aufgabe meines Vaters war nun, in völliger Dunkelheit und nur mittels seines Tastvermögens die Sägedrahtschlinge um das abzutrennende Körperteil zu legen und festzuzurren. Das andere Ende des Metallrohres ragte aus dem Geburtskanal heraus und hatte zwei Griffe, über die durch abwechselndes Ziehen die Säge betätigt werden konnte. Nie habe ich meinen Vater mit derart verzerrten, schrecklichen Gesichtszügen erlebt wie in den Momenten, wo er Kälber im Mutterleib zersägte. Ich erinnere mich, dass es eine Stunde oder noch länger dauern konnte, bis diese barbarische und gleichzeitig notwendige Aufgabe erledigt war. Manchmal musste mein Vater innehalten und sich kurz ausruhen, so kräftezehrend war die ganze Sägerei, und nicht selten sah ich auch, dass er sich selbst am Sägedraht oder möglicherweise an scharfkantigen Knochenspitzen verletzt hatte und an den Armen zu bluten begann. Der Gesamteindruck war furchtbar – wurde von Minute zu Minute furchtbarer –, aber ich blieb sitzen, verließ nie meinen Holzstuhl. Ich war wie ein minderjähriger Student, der das Grauen studierte. Doch nicht nur das: Ich wollte auch die Überwindung des Grauens studieren – die Rettung. Aber vielleicht ist das auch viel zu philosophisch gedacht und im Nachhinein dazugedichtet, vielleicht war ich einfach nur die ganze Zeit wie betäubt, wie gelähmt.

Wenn ein solcher Eingriff zu lange dauert, habe ich später gelesen, wird das Arbeiten immer schwieriger, weil es zu zunehmenden Schwellungen im Geburtskanal kommt. Außerdem besteht die Gefahr, dass bei schon länger abgestorbenen Kälbern bereits bakterielle Zersetzungen begonnen haben, was das Risiko einer Infektion für Mutter und Geburtshelfer erhöht. Selbst nach geglückter Fetotomie gab es keine hundertprozentige Sicherheit, dass die Mutter nicht doch noch an einer Blutvergiftung, einer Sepsis, starb. Auch das gehört zu den Erinnerungen meiner Kindheit: Kühe, die nach ihrer Entbindung, nach ihrer vermeintlichen Rettung, einige Tage später trotzdem im Tierklinikstall sterben mussten, in einer Wolke aus Stroh. Aber zunächst hofften wir. Nach jeder geglückten Fetotomie hofften wir inmitten einer albtraumhaften Szenerie.

Meist lagen vier oder fünf auseinandergesägte Teile eines schwarzweißen oder rotbraunen Kälbchens in einer Zinkwanne in einer kleinen Lache von hellem Blut. Im Sommer waren die Tore geöffnet und die Sonne schien in den OP-Saal herein. Ich erinnere mich an ein plötzliches Aufglänzen in der Zinkwanne, ein Funkeln der noch fruchtwasserfeuchten Körperteile, einzig die Augen in den abgetrennten Köpfen blieben hellgrau und stumpf. Ich habe diese Dinge sehr genau betrachtet als Kind und es gab niemanden, der mich davon abhalten konnte oder wollte, weder mein Vater noch irgendeiner seiner Kollegen. Ich saß still auf meinem Holzstuhl und erst, wenn alles zu Ende war, stand ich auf und lief herum, betrachtete die Wanne und streichelte die Kuh.

Einmal beobachtete ich Folgendes: Eine Fetotomie war gerade beendet und die gefüllte Zinkwanne stand nicht direkt hinter der Mutter, sondern etwas linkerhand, gerade noch in ihrem Blickfeld. Ich wusste, dass die Kuh längst begriffen hatte, dass ihr Kalb tot war, aber es quälte mich die Vorstellung, dass sie ihr totes, zersägtes Kind auch noch sehen könnte. Diese Zinkwanne stand absolut falsch. Aber bevor ich mich überhaupt traute, irgendetwas zu sagen, hatte es auch mein Vater wahrgenommen. Er gab Anweisung, die Zinkwanne woanders hinzustellen, genau hinter die Kuh, aus ihrem Blickfeld heraus. Dieser eine Moment – diese sekundenhafte Übereinstimmung unserer Gedanken und Gefühle – beeindruckte mich damals so sehr, dass ich ihn nie wieder vergessen habe. Ich war unfassbar erleichtert und stolz auf meinen Vater.

Viele Jahre später, lange nach seinem Tod, entstand ein Gedicht, das genau diesen Moment noch einmal einfangen wollte – diesen Augenblick tieferer Verbundenheit zwischen Mensch und Tier inmitten einer grausam wirkenden, mit Leichenteilen bestückten Welt. Das Gedicht heißt »fötotomische ballade« und stammt aus meinem Gedichtband »gänge«, der 2009 in der Connewitzer Verlagsbuchhandlung erschienen ist. Damals habe ich mich bewusst für eine strenge lyrische Form entschieden, um die Ungeheuerlichkeit des fetotomischen Vorgangs möglichst geordneter, disziplinierter beschreiben zu können. Das Gedicht ist in Terzinen verfasst. Dabei handelt es sich um dreizeilige Strophen mit dem festen Reimschema aba / bcb / cdc und so weiter, was zu einer Art Kette führt. Es gibt lauter Kettenglieder, die ineinandergreifen. Eine bestimmte innere Dynamik entsteht. Diese Gedichtform stammt aus der italienischen Renaissance und wurde vor allem von Dante geprägt, vielleicht sogar von ihm erfunden. Aber genug der Reimkunde, in dem Gedicht geht es um eine Fetotomie und um einen bestimmten Moment. Heute schaue ich selbst verwundert und wie von fern auf dieses Gedicht, das auf den ersten Blick wie Splatterlyrik wirkt.

fötotomische ballade

das fault sich schnell im mutterleib & aast dahin, das kalb
verdreht, blockiert. des muttertiers ziegelrote augenschlitze.
ein guter mann pflanzt seine faust ins fleisch, setzt kalt

die säge an & sägt dem milchvieh durch die aufgeschäumte ritze
die leibfrucht klein: ein vorderbein & noch ein bein & noch –
dem guten mann steckt in der hirnhaut eine mörderhitze –

ein letztes bein! in scheiben heckt der rumpf durchs loch!
die färse presst die fehlgeburt, als wär sie nicht in stücken!
der gute mann am kettenglied, zieht – jede schläfe pocht

– den kopf wie einen stöpsel raus: aufgetürmter rücken
die wirbel: messerstecherei, das fleckvieh stöhnt entschimmelt.
in der wanne liegt nun alles, stirn an steiß, die fliegen zücken

das geschlecht: gebrumme. auf den puzzleteilen: gewimmel.
ein lichtstrahl fällt ins zink & wirft sich dort aufs rot & schwarz.
die mutter glotzt, im fleisch verschnürt, in eine pfütze himmel.

der gute mann befiehlt: »das aus dem blick geschafft!«

48–50_ Der junge Karl Elze bei der Geburtshilfe in der Tierklinik Leipzig

51

52

53

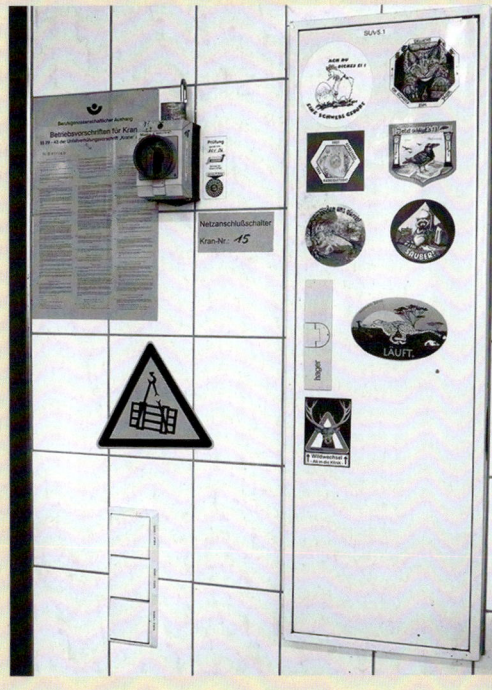

54

51 – 54 _ Ambulatorische und Geburtshilfliche Tierklinik Leipzig, 2017

55 _ Dr. Karl Elze (r.) mit Ferkeln in der Tierklinik Leipzig

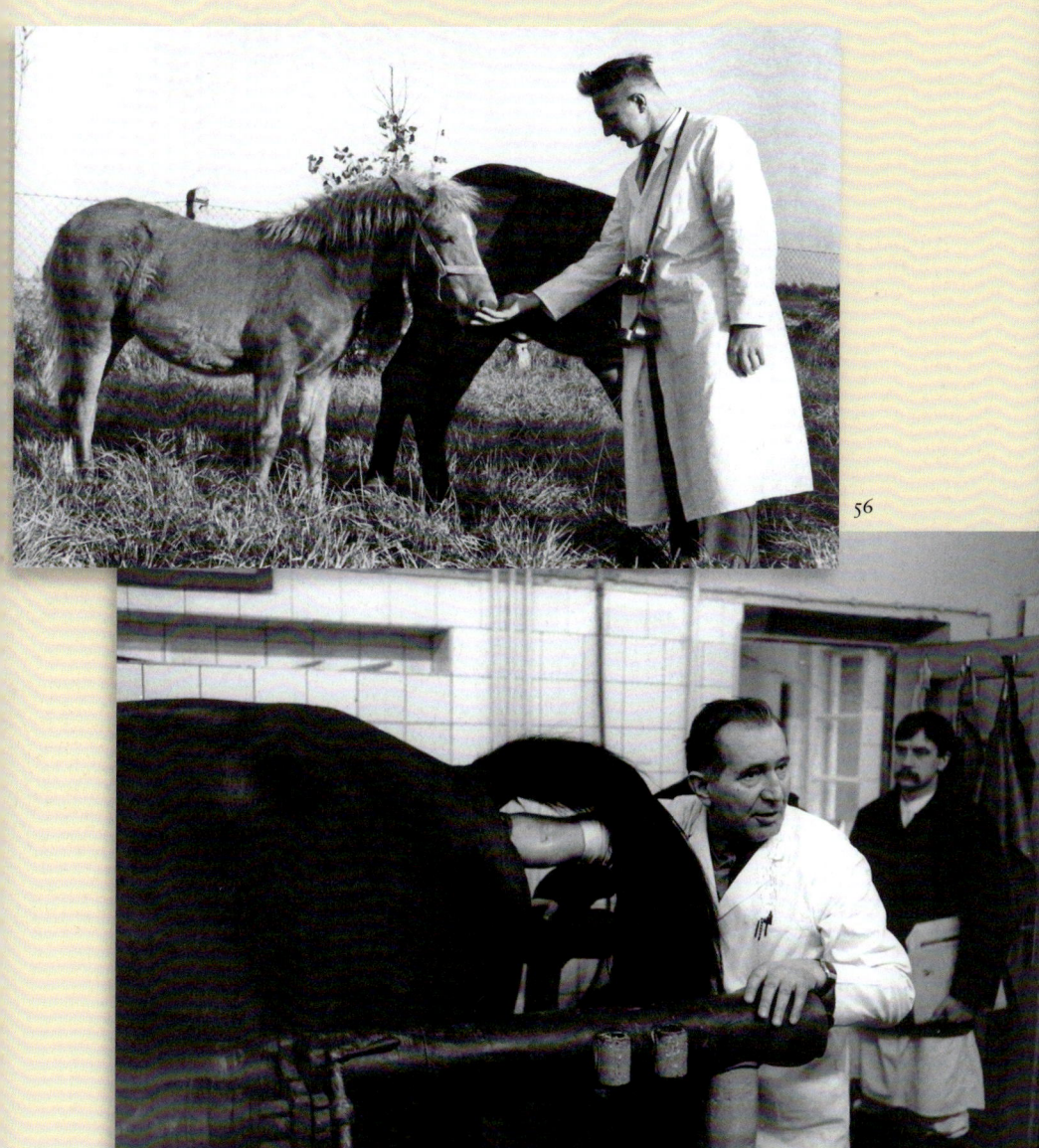

56 _ Dr. Karl Elze mit Pferden
57 _ Dr. Karl Elze bei der Trächtigkeitsuntersuchung einer Stute in der Tierklinik Leipzig

58 _ Karl Elze mit Katze auf dem elterlichen Bauernhof in Hauptmannsgrün/Vogtland

Zootiere – meine Patienten

Ich möchte meinen Vater noch einmal zu Wort kommen lassen. In dem Buch ›Mit dem Tier auf Du und Du‹, das 1988 im VEB E. A. Seemann Verlag Leipzig erschienen ist, berichtet er gleich über mehrere seiner Zootierpatienten, die er während seiner 30-jährigen Arbeit als Leipziger Zootierarzt behandelt hat. Dem vorangestellt sind noch einige Überlegungen zu allgemeinen Voraussetzungen und Herausforderungen des Tierarzt- und Zootierarztberufes.

»Ohne ein ›Du auf du‹ mit jedem einzelnen Patienten ist dem Zootierarzt weder eine gute Krankheitserkennung noch eine dem Krankheitsverlauf optimal angepasste Behandlung möglich. Sowohl die ausdrucksvolle Darstellung und naturgetreue Wiedergabe eines Tieres durch den Künstler als auch eine treffsichere Diagnostik und Behandlung durch den Tierarzt erfordern von beiden gleichermaßen ein hohes Wissen über Bau und innere Lebensvorgänge sowie breite Kenntnisse des spezifischen Verhaltens der Arten. Das ist aber nur die Basis und nicht das Besondere. Beide benötigen die Gabe des besonderen Sehens, Hörens und Fühlens, ja der Wahrnehmung auch der minimalsten, vom Wildtier sehr gern noch versteckten, Abweichungen vom ›Normalablauf‹. Das heißt, schon die ersten Vorboten einer beginnenden Erkrankung sowie später auch die ersten Zeichen der beginnenden Genesung müssen vom Tierarzt erfasst und registriert werden.

Damit beantwortet sich auch gleich eine mir immer wieder gestellte Frage: ›Woher wissen Sie denn, was dem Tier fehlt? (Besser gesagt, was das Tier hat.) Die Tiere können Ihnen doch nicht sagen, wo es ihnen weh tut!‹ Das Postulat der Frage stimmt nicht ganz, die Tiere können zwar ihre Krankheitsempfindung nicht mit Worten, aber sehr gut und so differenziert, wie es sich der Laie kaum vorzustellen vermag, mit Zeichen ausdrücken. Um nur einige Beispiele zu nennen: das Abseitsstehen von der Herde, eine verringerte Bewegungslust, ein gesträubtes Haarkleid, eine leichte Karpfenrückenhaltung, gespannte Bauchdecken, häufiges Gähnen, Nasenausfluss, Tränenfluss, Appetitlosigkeit und so weiter.

Über die Beobachtung dieser Krankheitszeichen hinaus gibt es natürlich noch zahlreiche Untersuchungsmethoden, die durchgeführt werden können, wenn das Tier gegriffen, also gefangen, wird. Die Tiere können entweder mit der Hand, mit Fangkisten, Netzen (sogenannten Keschern), mit Stirnseilen oder Zwangskäfigen fixiert werden. Ein Bisonbulle oder eine halbwüchsige Giraffe sind zum Beispiel sehr viel schwerer zu greifen und damit viel gefährlicher als ein ausgewachsener Löwe oder Tiger. Letztere lassen sich ohne Schwierigkeiten in einem Zwangskäfig untersuchen. Man kann sie dort abhören oder ihnen aus der Beinvene Blut entnehmen, sie verhalten sich dann wie mehr oder weniger friedliche Menschen.

Da die Tiere der einzelnen Arten, weibliche und männliche, sowie auch Tiere verschiedenen Alters eine sehr variable ›Zeichensprache‹ besitzen, kommt es mit jedem Patienten in den ersten Minuten und Stunden des Zusammentreffens (nur in seltenen Einzelfällen darf und kann es einmal Tage dauern) zu einem gegenseitigen ›Abtasten‹, zu einem Bemühen um eine ›Partnerschaft auf Krankheitszeit‹.

Ob diese Beziehung zwischen mir und dem Patienten nach der Genesung noch bestehen bleibt, von mir längere Zeit gepflegt wird oder fürs ganze Leben beständig ist, und wie oft mir diese Fühlungnahme mit dem Tier überhaupt gelingt, sind weitere Fragen. Ich beginne mit der letzten und vielleicht schwierigsten Frage. Ja, ich glaube, es gelingt mir bei den meisten meiner Patienten, eine Verbindung, eine Art Vertrautheit aufzubauen. Und trotzdem kann ich es nicht vollständig erklären, es bleibt ein geheimnisvoller Vorgang. Aber es gibt Voraussetzungen dafür, dass es überhaupt gelingt. Da ist zum einen das erforderliche Fachwissen, was naheliegend ist, und zum anderen das möglichst ständige Training des eigenen Blickes für das Tier. Ich selbst bin froh, dass ich mich von frühester Kindheit an in der Tierbeobachtung und in der Unterhaltung mit den Tieren üben konnte. Im Grunde war ich von früh bis spät mit Tieren zusammen. Das war völlig normal und gar nicht außergewöhnlich, wenn man in einem kleinen vogtländischen Dorf aufwuchs. Schon als Säuglinge begleiteten wir Vater, Mutter und ältere Geschwister auf Schritt und Tritt als ›Huckepack‹ oder in einem kleinen Handwagen überallhin auf Hof, Feld und Wiese und zur Fütterungszeit natürlich auch in die Ställe. Dort saßen wir entweder in einem Strohhaufen und

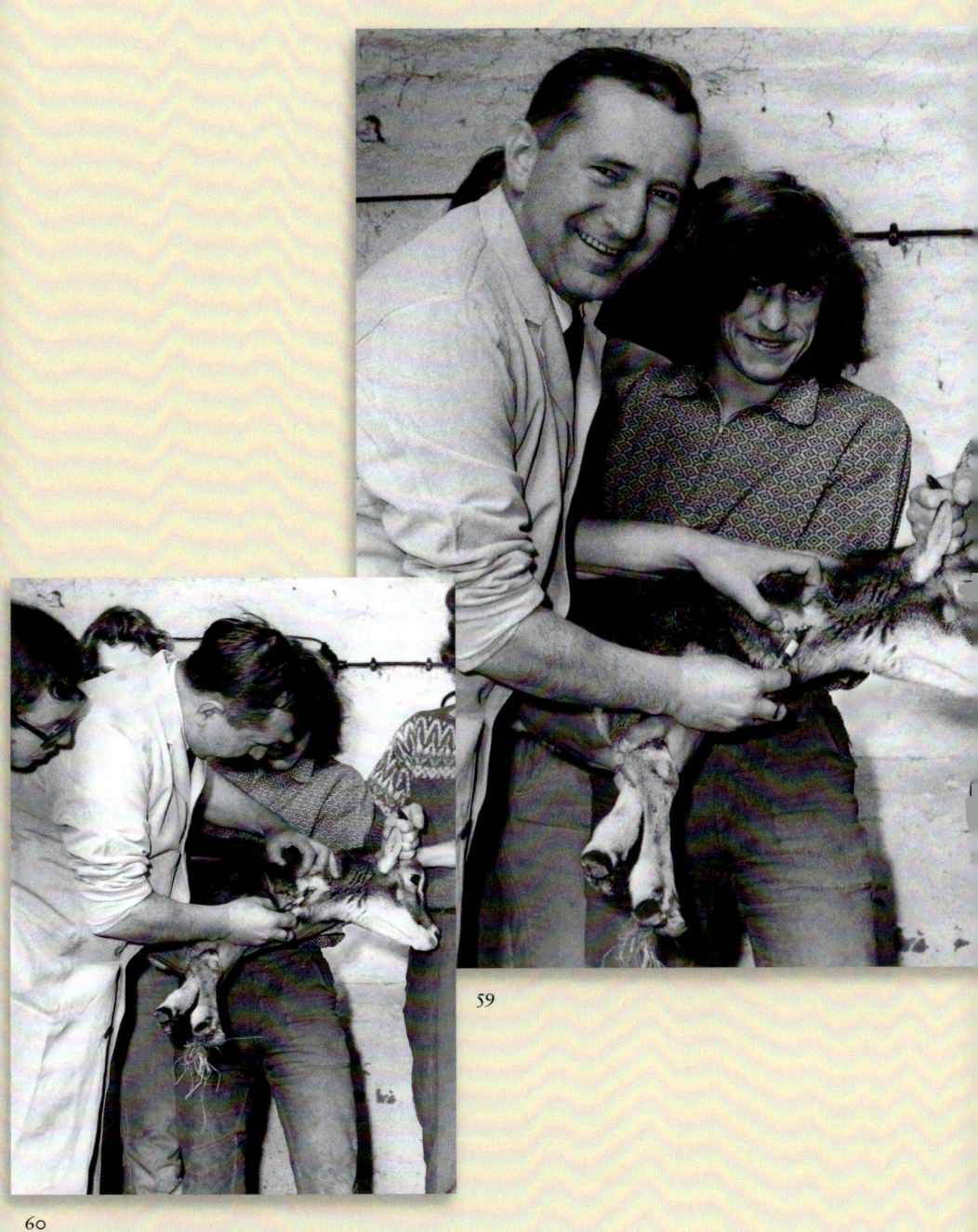

59 – 60_Blutentnahme

61

62

63

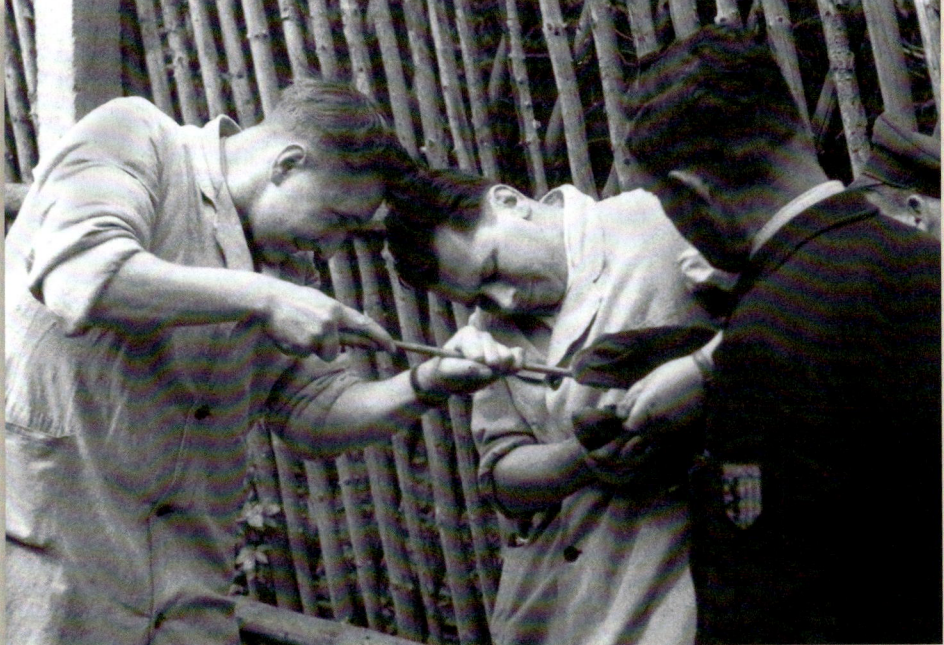

64

61 – 64 _ »Greifen«, Untersuchen und Behandeln der Tierpatienten im Zoo Leipzig

beobachteten, wie die Eltern mit den Tieren umgingen, oder versuchten das Beobachtete selbst in Anwendung zu bringen beim Spiel mit Kätzchen, Zicklein und später auch mit Kälbchen. Und wenn etwas nicht gleich klappte beim Umgang mit den Tieren, dann lernten wir recht schnell, dass wir eben noch besser beobachten mussten. Wir begriffen, dass wir uns die Bedeutungen noch der kleinsten Reaktionen der Tiere wie Vokabeln zu merken hatten. Je größer das ›Vokabularium‹ war, umso besser konnte man sich verstehen.

Ich denke, genau das ist auch entscheidend für jeden Studenten der Veterinärmedizin und für jeden Tierarzt: Er muss ein Tier-Vokabularium besitzen und sollte es ständig erweitern. Das geht natürlich nur, wenn er sich immer wieder Zeit nimmt für die Beobachtung gesunder wie kranker Tiere. Nur so kann er das Wohlbefinden eines Tieres richtig einschätzen und im Krankheitsfall eine notwendige Verbindung zu ihm aufbauen.

Zu einigen meiner Tierpatienten entwickeln sich aus meiner Sicht später echte Hingezogenheiten und Freundschaften. Vor allem dann, wenn es sich um besonders gefährliche und langwierige Erkrankungen handelte, die wir gemeinsam durchgestanden hatten. Es ist dann gewissermaßen eine Dankbarkeit gegenüber dem Tier, dafür, dass es so tapfer mitgearbeitet hat. Denn bei jedem Heilprozess muss der Patient neben der tierärztlichen Hilfe auch sehr viel selbst zur Genesung beitragen. Ohne Vernachlässigung der anderen und bei Wahrung aller Gerechtigkeit habe ich als Zootierarzt also auch einige Lieblingskinder. Ihr Werdegang kann ganz verschieden sein, die einen wurden bei einer Schwergeburt gerade noch durch meine Hilfe lebend zur Welt gebracht, die anderen zogen mich durch ein besonderes Aussehen oder ihr besonderes Verhalten an, aber die meisten wurden es tatsächlich im gemeinsamen Kampf gegen Krankheit und Tod.

Ich möchte nun versuchen, den Formenreichtum dieser besonderen Tier-Mensch-Beziehungen in einer kleinen Patientenparade aufzuzeigen:

Da war zum Beispiel eine unserer bewährtesten alten Zuchttigerinnen, die Amurtigerin ›Kerula‹. Sie war eigentlich gesundheitlich stabil, gebar über viele Jahre hinweg jeweils bis zu fünf Tigerbabys und zog diese verlustlos auf. Dennoch mussten wir beide ständig in engstem Kontakt stehen, denn sie war bezüglich ihrer Verdauung etwas labil. Plötzlich hatte sie im November 1971 mehrmals erbrochen. Man fand auch ein wenig unverdautes Fleisch im Kot. Schon war ihr sonst heller Blick eine Nuance trüber und die Antwort auf mein ›Hfffffff‹ nur ein sehr verkürztes ›Hfff‹. Das war für mich schon höchste Alarmstufe, es waren erste Zeichen einer schweren Tigerkrankheit. Diese im Anfangsstadium zu übersehen und zu überhören, kann schlimme Folgen haben. Jetzt galt es, solange sie noch Interesse am Futter zeigte, ihr sofort mit Hilfe von Leckerbissen die passende Medizin zu verabreichen. ›Kerula‹ schnappte sich die feinsten Fleischstückchen und schon im Januar 1972 ließ sie sich wieder in guter Verfassung von unserem besten Tigerkater ›Sibir‹, einem Wildfang aus der Sowjetunion, den Hof machen.

24. Januar 1961, frühmorgens, das Telefon schrillt: ›Hier spricht der Zoo. In einer großen Flugvoliere sind mehrere Möwen über Nacht gestorben, etwa 30 Tiere liegen auf dem Bauch mit weit auf dem Rücken liegenden Kopf, nach hinten gestreckten Beinen und Lähmungserscheinungen an den Flügeln.‹ Jetzt ist, wie so oft, Eile geboten! Man steigt ins Auto, fährt und überlegt bereits, was es sein könnte. Es könnte ›Beri-Beri‹ sein, die älteste und bekannteste Vitaminmangelerkrankung, die sowohl bei Menschen als auch bei Tieren auftritt. Angekommen und gesehen: Das Bild ist eindeutig – Beri-Beri! Alle Tiere bekommen sofort Vitamin B1, Vitamin-B-Komplex und Vitamin E in den Muskel gespritzt und werden für drei Tage wegen des Unvermögens der Futteraufnahme gestopft. Am vierten Tag sind schon 90% der Tiere geheilt! Man kommt sich vor wie ein Wundertäter …

Am 22. April 1987 geschah in unserem Zoo etwas sehr Erfreuliches, aber zu dieser Zeit völlig Unerwartetes. Die Brillenbärin ›Dike‹ gebar auf der Freianlage zu dieser ungewöhnlichen Zeit (Brillenbären gebären in der Regel in den Monaten Dezember bis Februar) ein Jungtier. Da sie es selbst nicht zog, kam das 315 g wiegende Bärenkind in die Familie unseres erfahrenen Oberinspektors Schuldei zur Flaschenaufzucht.

Bis zum 16. Mai gedieh es wundervoll ohne jegliche Gesundheitsstörung. Es bekam die ersten Tage 10–12 Mahlzeiten, begonnen mit 10 g eines Milch-Kamillentee-Gemisches. Allmählich steigerten sich dann die Rationen, die bald aus reiner Milch bestanden. An dem genannten 16. Mai aber, gegen 19.30 Uhr, ruft mich Herr Schuldei an: ›Seit einer Stunde baut unser Kleiner völlig ab. Er hat die letzte Mahlzeit verweigert, der Stuhl ist plötzlich wässrig grüngelb, im Ganzen ist er völlig schlaff und welk, das Bäuchlein ist prall gespannt, er quäkt – zwar leise – aber anhaltend.‹

›Verstehe, ich komme sofort zu Ihnen.‹

Als ich eintraf, war der Befund unverändert, also sehr ernst. Schnell fuhren wir mit dem kleinen Bärchen in unsere Tierklinik, denn alles sprach für eine Anreicherung krankmachender Koli-Keime im Dünndarm – eine schwere Darm- und Allgemeinerkrankung junger Säugetiere. Sofort führte ich die in diesen Fällen erforderliche Behandlung durch: Der kleine Kerl musste mehrere Injektionen erhalten. Danach wurden vier Stunden Bettruhe und laufende Diätgaben (Tee plus Elektrolyt-Glukoselösung) in Minimengen verordnet.

Rasch, wie es bei den so wenig Körpergewicht mitbringenden Tierbabys sein muss, hatte sich der Zustand bis zum Morgen des 17. Mai gebessert. Die Austrocknung war gestoppt und die Diätgaben (Flüssigkeits- und Energiezufuhr) wurden mit fast gutem Appetit angenommen. So hatten am 18. Mai abends nach wiederholten Nachbehandlungen das Bärchen und wir das akute Krankheitsgeschehen wieder unter Kontrolle. Ich verabschiedete mich gegen 21 Uhr beruhigt von Familie Schuldei. Es wurde auch höchste Zeit, denn um 24 Uhr fuhr mein Zug nach Berlin. Dr. Eulenberger, mein engster und langjähriger Kollege im Leipziger Zootierärzteteam, und ich wollten am 19. Mai frühmorgens nach Großbritannien starten, um am 29. Internationalen Symposium über die Erkrankungen der Zoo- und Wildtiere teilzunehmen.

Jetzt passierte etwas ganz Fürchterliches. Gegen 22 Uhr meldete Herr Schuldei, dass das Bärenkind beim Ausputzen plötzlich einen Darmvorfall in der Länge von etwa 4 cm bekommen habe. Dr. Eulenberger, der den Koffer schon fertig gepackt hatte, fuhr auf der Stelle zu unserem Bärenpatienten und lagerte den Darm behutsam zurück. Als ich ankam, legte er dem kleinen Kerl gerade noch die erforderliche

65

66

65 _ Gisela Schuldei mit einem jungen Brillenbären in der
   künstlichen Aufzucht
66 _ Flaschenkind mit »Vizemutter« Oberinspektor Hans-Werner Schuldei
   im Zoo Leipzig

Tabaksbeutelnaht zum weitgehenden Verschluss des Anus. Jetzt war es auch schon 23 Uhr. Ich lud meinen Koffer schnell um, ließ mein Auto bei Schuldeis vor der Tür stehen und Frau Eulenberger brachte uns in Windeseile zum Zug – gerade noch geschafft.

Im Flugzeug und später beim Symposium in Cardiff waren unsere Gedanken dann oft bei unserem kleinen Patienten – jetzt in den Händen unseres Teamkollegen Dr. Selbitz.

25. Mai – Ankunft in Leipzig – vom Hauptbahnhof gings per Straßenbahn sofort zu Schuldeis. Wir hatten tagelang nichts vom kleinen Bären gehört. Oh, welche Freude! Das Bärenkind begrüßte uns zufrieden mit einem freundlichen Summton und war putzmunter.

Dieses, wenn auch nur wenige Tage währende, Bangen und Ringen um das Leben dieses Tierbabys hat eine innere Bindung zwischen mir und ihm entstehen lassen, die bestimmt ein ganzes Bärenleben lang halten wird. Bevor ich die Zeilen niederschrieb, besuchte ich das Bärchen noch einmal. Mit seinen jetzt 77 Tagen Erdendasein und 3.400 Gramm Körpergewicht ist es bereits ein richtig süßer, kleiner Teddy mit ›Brille‹.

Sonntagnachmittag, das unvermeidliche Telefon: ›Schnell, schnell, Herr Doktor, der Nashornvogel hat etwas im Hals, der erstickt!‹ – Was soll das nun wieder sein? Ich rase zum Zoo. Der Vogel sitzt mit offenem Schnabel sehr wackelig in der Voliere und ich schaue mich etwas um. ›Aha, was liegt denn hier am Zaun? Zwei Drops!‹ ›Ja, ja‹, sagt Frau Taatz, die Revierpflegerin, ›der nimmt gern Bonbons von den Besuchern!‹ Schnell hatte sich unser Verdacht bestätigt. Man fühlte in der Mitte der Speiseröhre einen Drops wie ein kleines Rad. Er ließ sich nicht hinuntermassieren. Wir führten sofort eine Magensonde ein und gossen etwas warmes Wasser nach. Jetzt plötzlich ließ sich der Drops in der Speiseröhre nach unten schieben. Unser Nashornvogel war befreit und beruhigte sich. Wenn solche qualvollen Situationen von unseren Besuchern miterlebt würden, verzichteten sie sicher auf eigenmächtiges, unerlaubtes Füttern der Zootiere. Das wäre wünschenswert!

Rangkämpfe in der Rhesusaffenherde: die Ablösung des Alphatieres, des alten Herdenführers, stand bevor. Zwei Nachfolger streckten die

Hände nach der Krone aus und die Herde zersplitterte. Aber was hat das Ganze mit dem Zootierarzt zu tun? Ganz einfach: Im Laufe des Machtkampfes kam es über einen längeren Zeitraum immer wieder zu schweren Beißereien, die sofortiger chirurgischer Behandlung bedurften. Ich war praktisch im Dauereinsatz. Erst nach etwa drei Monaten wurde schließlich der stärkste Nachwuchsmann als Nachfolger des alten Herdenführers anerkannt. Jetzt trat endlich wieder Ruhe ein und ich konnte das Nähbesteck einmal aus der Hand legen.

›Kommen Sie schnell herein, Herr Doktor! Wir sind eben in den Stall gekommen, da kann eine Ponystute nicht fohlen!‹, ruft ein Tierpfleger, als ich gerade auf Visite bin. Das schwarze Tier, eine junge Erstlingsstute, liegt schweißgebadet auf der Seite und presst nach Leibeskräften. Wir waschen ihr das Becken und desinfizieren die Scheide. Durch eine Spritze in den Wirbelkanal werden ihr die Wehen und weitestgehend auch die Schmerzen genommen. Erst nach gründlicher Reinigung der Arme und Hände erfolgt die geburtshilfliche Untersuchung. Auch bei unseren Tieren müssen die hygienischen Forderungen von Ignaz Semmelweis, dem ›Retter der Mütter‹, so weit wie irgend möglich eingehalten werden. Die Untersuchung ergibt ein bereits abgestorbenes Fohlen in Vorderendlage, mit linksseitiger Schultergelenksbeugehaltung und Kopfseitenhaltung bei sehr engem knöchernen Becken. Da die Frucht schon abgestorben ist, entscheide ich mich für eine Fruchtzerstückelung in der Gebärmutter. Diese blutige Form der Geburtshilfe, auch Fetotomie genannt, ist in diesem Fall für die kleine Stute schonender als ein gewaltsames Herausziehen des toten Fohlens.

Glücklicherweise erholte sich die Stute in den nächsten drei Wochen sehr gut und brachte im nächsten Jahr ein schönes Jungtier ohne menschliche Hilfe zur Welt. Das ließ sie hoffentlich den Schrecken des Vorjahres endgültig vergessen.

Ein wunderschöner Python frisst nicht mehr gut, magert ab und hat eine bei Reptilien öfter vorkommende Beulenbildung an der Unterseite kurz hinter dem Kopf. Vier Männer halten die etwa 3,5 m lange Riesenschlange fest, so dass sie ausgestreckt ist. Der Tastbefund ergibt einen fluktuierenden, das heißt mit Flüssigkeit gefüllten, Abszess.

Ich greife zum Skalpell, spalte den Abszess, tränke einen Tupfer mit einer Sulfonamidlösung und will die Abszesshöhle reinigen. Aber die Handbewegung vor dem Kopf der Schlange ist zu schnell. Sie schießt blitzartig etwa 40 cm vor, erfasst Zeige- und Mittelfinger meiner rechten Hand und spannt diese in ihrem Maul ein wie in einem Schraubstock! – Ein echtes Missverständnis. Zum Glück das einzige dieser Art in 30 Jahren. Für mich aber auch ein sehr unangenehmes Gefühl. Die stecknadelfeinen, in dichten Reihen nach hinten gerichteten Zähne stecken tief in meiner Hand fest. Mit großer Mühe drücken ein Kollege und ich das Maul der Schlange auf, so dass ich mich vorsichtig – ohne irgendwelche Zähne auszubrechen, was die Wundheilung verschlechtert hätte – nach etwa fünf Minuten befreien kann. Nach dem Desinfizieren musste ich mich sofort in ärztliche Behandlung begeben. Es ging wieder einmal gut aus! Alles ›per primam‹, das heißt ohne Eiterungen geheilt.«

Am meisten hat mich als Kind die Pythongeschichte beeindruckt und soweit ich mich erinnere, habe ich immer allen meinen Freunden erzählt, die Schlange sei über sieben Meter lang gewesen und die Finger meines Vaters hätten länger als eine Stunde in ihrem Maul festgesteckt. Aber was von diesem Schlangenbiss tatsächlich übrig blieb, war ein irgendwie verschrumpelter Fingernagel an der rechten Hand meines Vaters. Dieser Fingernagel konnte so lange wachsen, wie er wollte, jahrzehntelang, aber er wurde einfach nicht mehr glatt und gerade, er blieb geschlängelt und krumm. Und ich war stolz auf diesen Fingernagel. Sehr sogar. Er war der sichere Beweis.

In einem anderen Artikel schreibt mein Vater auch etwas über die berühmte Großkatzenzucht, die er tierärztlich mitbetreute. Hier heißt es: »Erfreulicherweise nehmen die ›richtigen Patienten‹ nur noch die Hälfte meiner tierärztlichen Zeit in Anspruch. Ein großer Teil meiner Arbeit im Zoo Leipzig, der sich verstärkt der Zucht und Erhaltung von Tieren verschrieben hat, die vom Aussterben bedroht sind, umfasst Maßnahmen der Seuchenverhütung, der Parasitenbekämpfung sowie der Steigerung von Fortpflanzungs- und Aufzuchtraten. In der Großkatzenzucht zum Beispiel beginnt die planmäßige Aufzuchtfürsorge mit der täglichen Gesundheits- und Entwicklungskontrolle der

Neugeborenen. Schon kurz nach der Geburt lockt der vertraute Tierpfleger die Mutter mit etwas Futter in die benachbarte Box, steckt die Jungen in ein Körbchen und trägt sie aus dem Käfig, so dass sie in Augenschein genommen werden können. Alles geht sehr schnell. Noch bevor die Mutter aufgefressen hat und den Verlust überhaupt bemerken könnte, befinden sich ihre Jungen schon wieder im Nest. Auf diese Weise wird auch jeden Tag das Gewicht der Löwen- oder Tigerbabys gemessen und der Nabel kontrolliert, um Nabelinfektionen vorzubeugen. Schon in der zweiten Lebenswoche erfolgt eine Anämie- und eine Beri-Beri-Prophylaxe in Form von Eisen- und Vitamin-B1-Gaben. Des Weiteren versucht man dem sogenannten Drehen (der Manegebewegung) und der Rachitis bei jungen Großkatzen vorzubeugen, indem man Vitamin A und D verabreicht.

Von entscheidender Bedeutung in unserer großen ›Raubtierfabrik‹ ist aber auch die rechtzeitige und programmäßige Impfung der Jungtiere gegen die sogenannte Katzenstaupe. Sie wird von der 6. bis zur 14. Lebenswoche mit steigender Impfstoffmenge (2, 3, 4, 5 und 6 Milliliter) durchgeführt. Diese sehr früh in der Säugezeit beginnende Hyperimmunisierung hat sich in der Leipziger Raubtierzucht in den letzten fünf Jahren bestens bewährt. Zeitlich vor ihr liegt noch die Impfung der Katzenbabys gegen Tuberkulose. Mit all diesen Maßnahmen gelang uns zum Beispiel die 100%ige Aufzucht der 17 im Jahr 1971 bei uns geborenen Sibirischen Tiger.

So ergibt sich am Ende, dass ein großer Teil unserer sogenannten Zootierpatienten gar keine Patienten im Sinne Leidender sind, sondern gesunde Zootiere, die wir nach dem alten Grundsatz ›Vorbeugen ist besser als heilen‹ auch weiterhin gesund erhalten wollen.

Bevor ich den Zoo nach einer Visite aber verlassen darf, ruft Fräulein von Einsiedel: ›Erst noch Schulaufgaben erledigen!‹ Das heißt, alle Krankheitsbefunde, Verordnungen und durchgeführten Maßnahmen müssen noch diktiert werden für die Krankenkartei. Diese ist nicht nur ein wichtiges Dokument über den Gesundheitszustand jedes einzelnen Zootierpatienten, sondern auch eine wichtige Sammlung von Erfahrungen für jüngere Kollegen und die Basis gemeinsamer Forschungsarbeiten auf dem Gebiet der Zootiererkrankungen.«

67

67_ Kontaktaufnahme 1: Dr. Karl Elze mit halbwüchsigem Löwen im Zoo Leipzig

68

68 _ Kontaktaufnahme 2: Dr. Karl Elze mit halbwüchsigem
Sibirischen Tiger im Zoo Leipzig

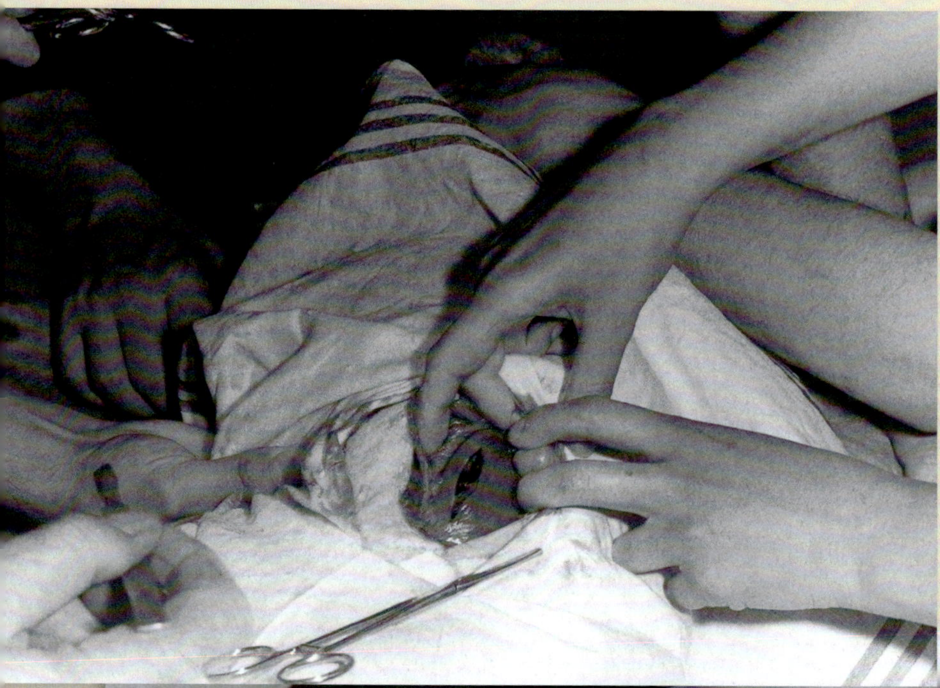

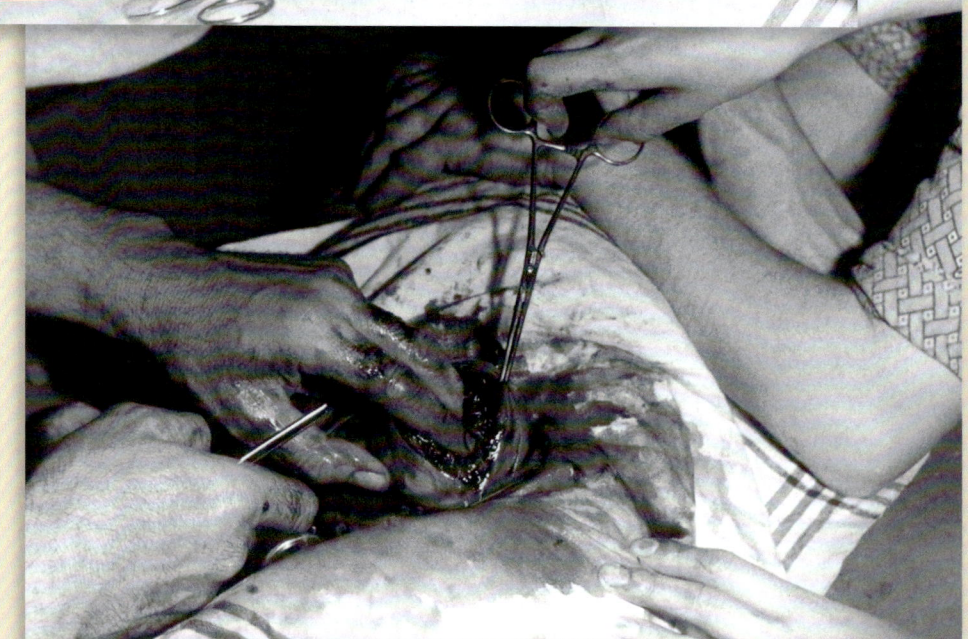

69

70

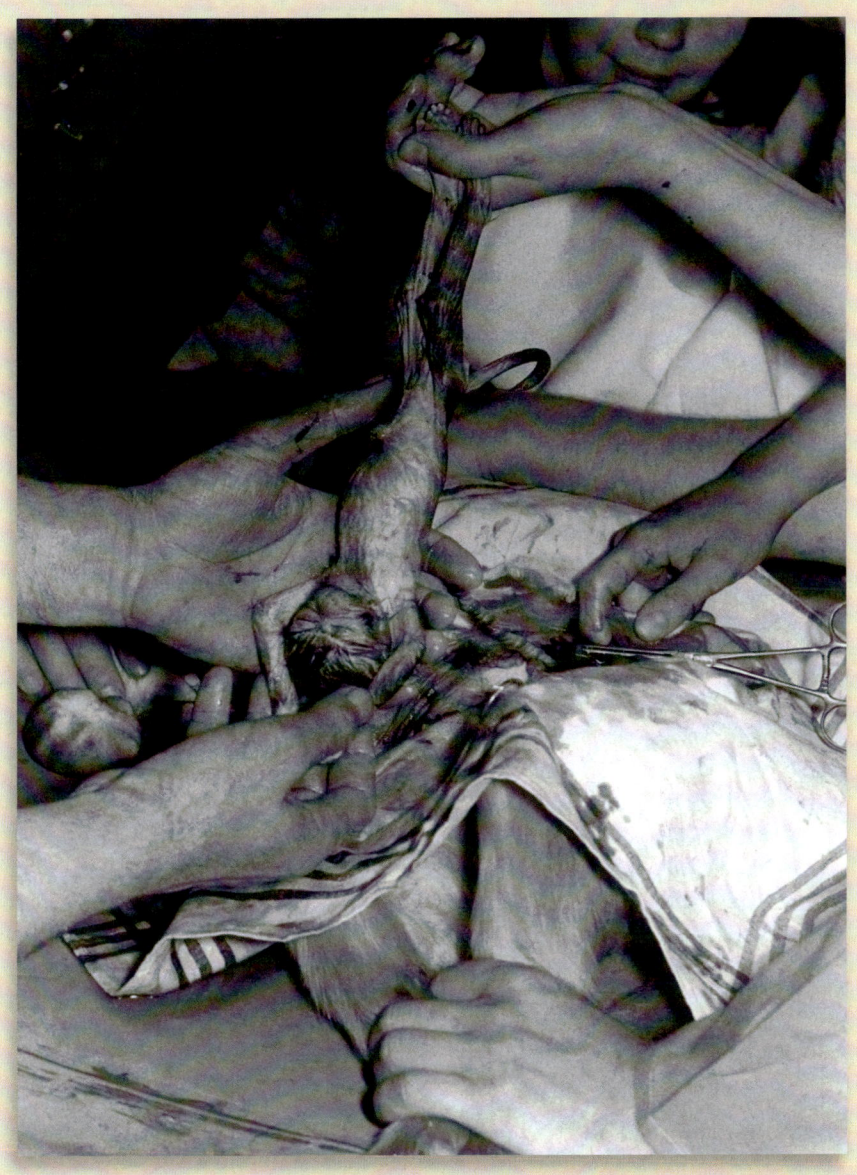

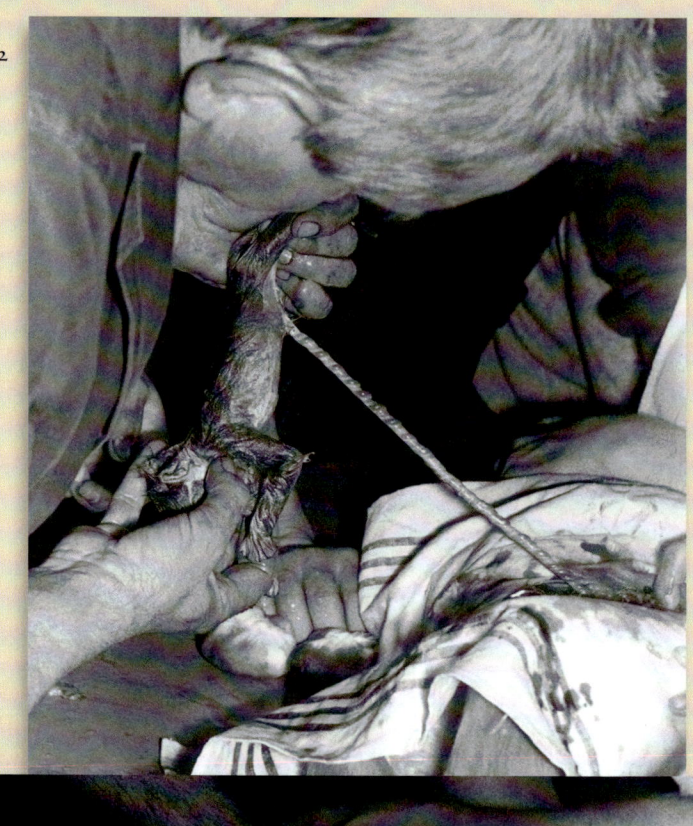

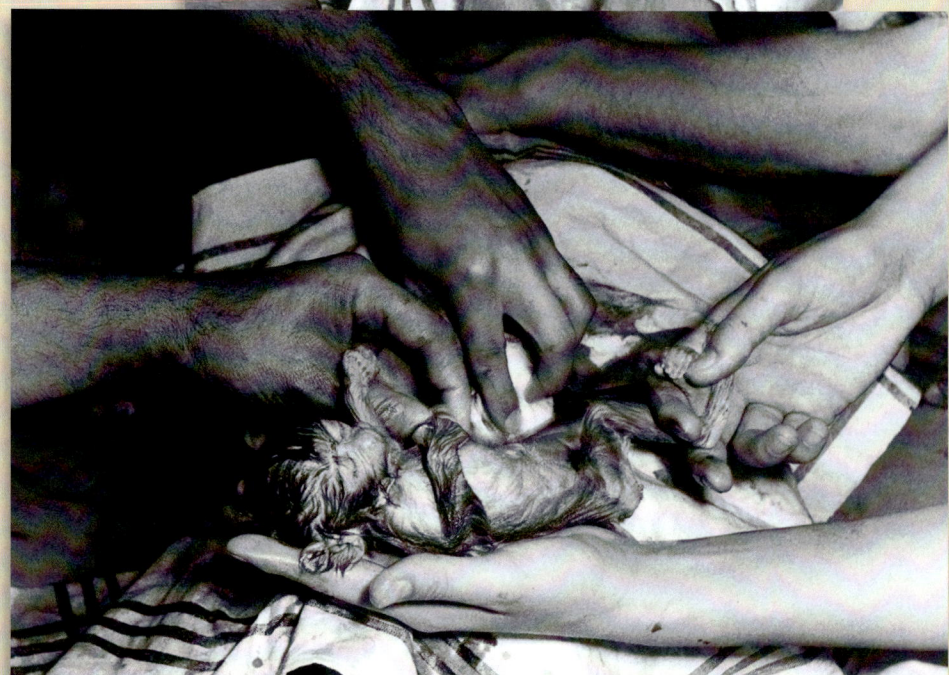

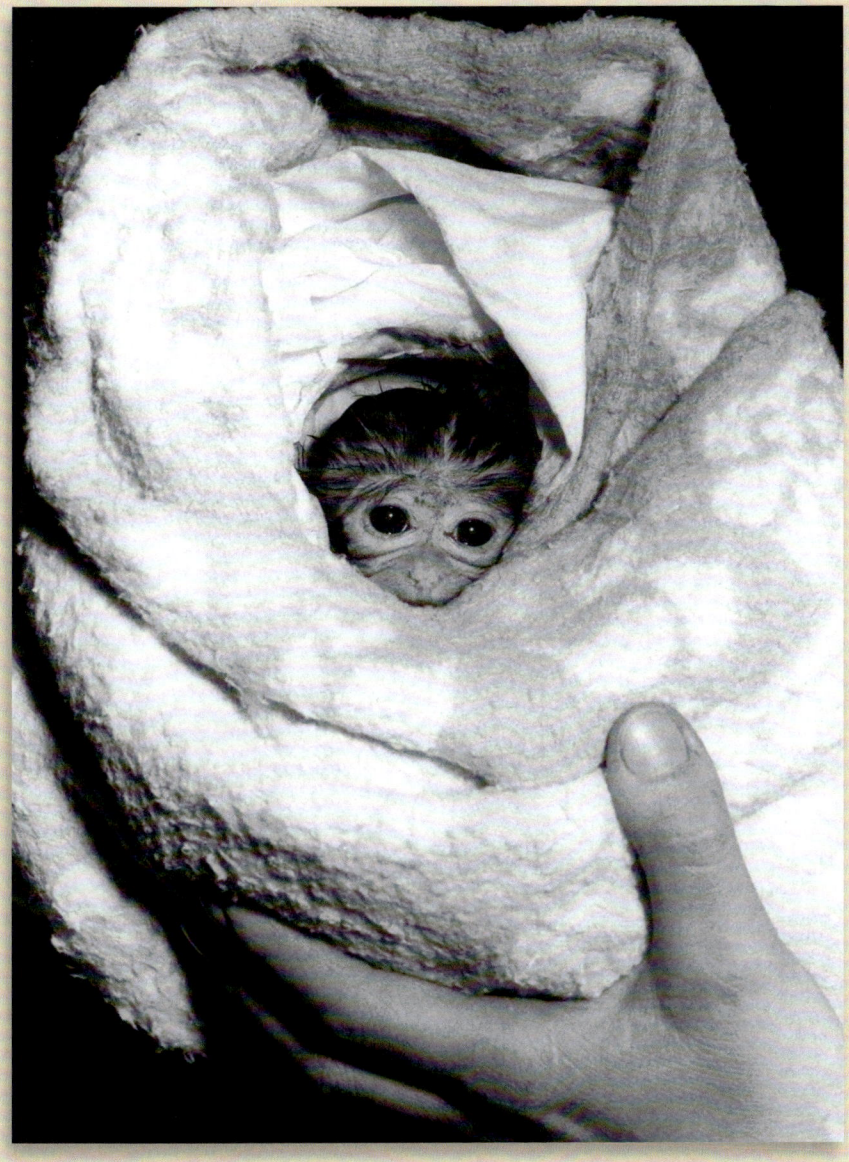

69 – 74 _ Kaiserschnitt bei einem Rhesusäffchen im Zoo Leipzig

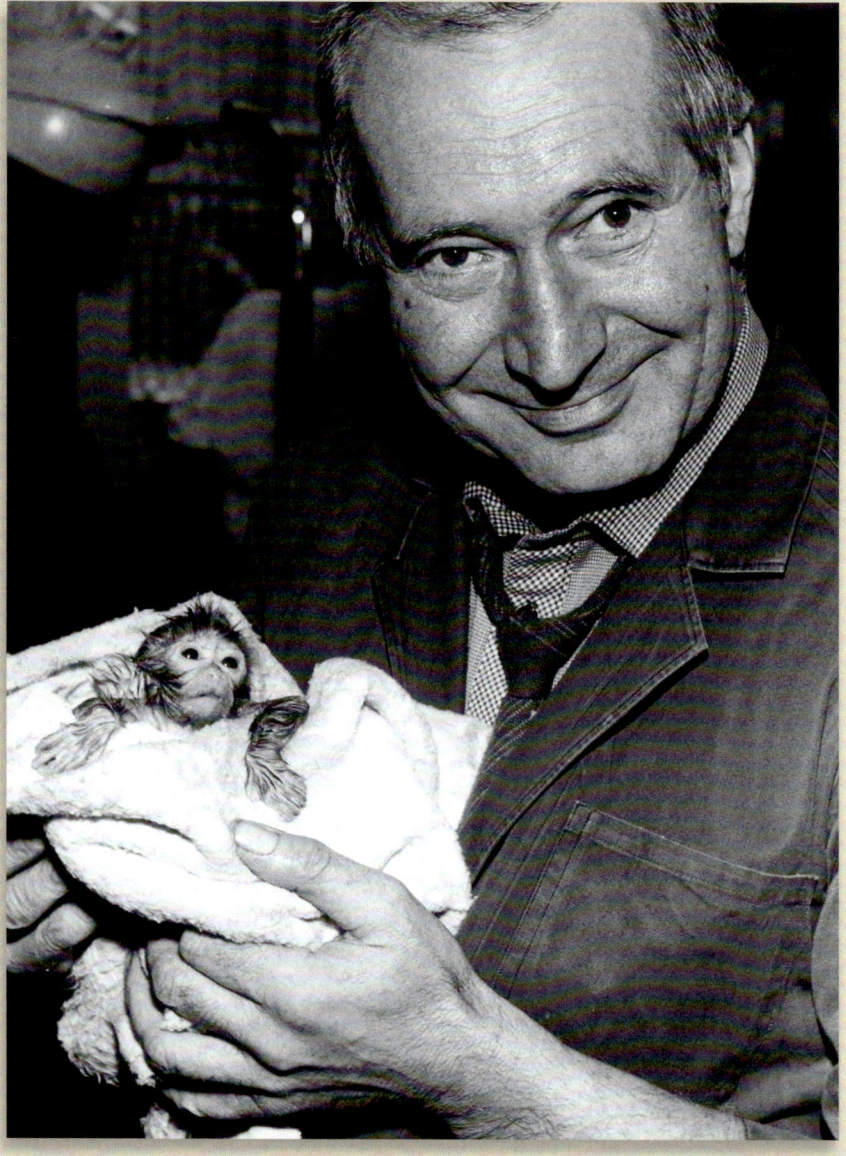

75

75 _ »Der stolze Vater«: Dr. Karl Elze nach geglücktem Kaiserschnitt

76 _ Besprechung im Zootierärzteteam (v.l.): Dr. Karl Elze, Dr. Selbitz, Dr. Christa Bachmann

77

77_Bärenschaufenster im Tierpark Berlin, Lehrquartett

Zoomenschen

Man sollte seinen Namen zumindest einmal gehört haben: Professor Dr. Dr. Heinrich Dathe, geboren 1910 in Reichenbach, gestorben 1991 in Berlin-Friedrichsfelde. Der berühmteste Zoodirektor der DDR, der »Aus-dem-Boden-Stampfer« und alleinige Herrscher des Tierparks Berlin, der Radio-Star von »Im Tierpark belauscht«, der Fernseh-Star von »Tierparkteletreff«, der »Grzimek des Ostens« – der König aller Zoodirektoren. Genau dieser Professor Dr. Dr. Dathe lebte auch mal in Leipzig.

Dathe kam als 14-Jähriger aus dem Vogtland in die Messestadt und machte hier sein Abitur, wollte Forscher oder Reisender werden, am liebsten reisender Forscher, wie er immer betonte. Zoos mochte er damals noch nicht. Die Leipziger Löwenfabrik sah er als Gefängnis an, was sie im Grunde ja auch war: ein architektonisch schön verpackter Geburtsknast. Und dennoch landete Heinrich Dathe 1934 im Leipziger Zoo. Zunächst als Assistent von Professor Karl Max Schneider, dem damaligen Zoodirektor, aber schon 1940 stieg Dathe zum stellvertretenden Direktor auf. Er hatte Zoologie, Botanik und Geologie in Leipzig studiert, war allseits gebildet und hatte eine Doktorarbeit »Über den Bau des männlichen Kopulationsorgans beim Meerschweinchen« verfasst. An dieser Stelle sei schon vorausgeschickt, dass ich Professor Dathe nur einmal, aber sehr wirkungsvoll, als Kind begegnet bin und ich in meiner damaligen Verlegenheit froh gewesen wäre zu wissen, dass es ein Thema gab, das uns beiden am Herzen lag, nämlich Meerschweinchen. – Noch ein wenig Geduld, dann berichte ich ausführlicher von dieser seltsamen Begegnung.

Nach dem Zweiten Weltkrieg, nach Schwerverwundung und britischer Kriegsgefangenschaft, kehrte Dathe 1947 nach Leipzig zurück und musste sich aufgrund seiner NSDAP-Mitgliedschaft mehrere Jahre als Markthelfer und Vogelstimmenimitator im Rundfunk durchschlagen. Mein Vater hatte mir immer versichert, Dathe sei ein großer, ein gewaltiger Ornithologe. Ab 1950 wurde Dathe wieder im Leipziger Zoo angestellt, wurde zwei Jahre später Direktorialassistent und hatte auch einen Lehrauftrag an der Universität. 1954 schließlich kam das Angebot aus Berlin, den Friedrichsfelder

Tierpark im Bezirk Lichtenberg aufzubauen und zu leiten, und Dathe sagte zu.

Im Westteil der Stadt gab es bereits den Zoo Berlin, den ältesten Zoo Deutschlands (1844 gegründet), doch in Ostberlin gab es noch keinen. Das sollte sich nun ändern, schließlich prallten zwei politische Systeme immer unversöhnlicher aufeinander. Die Gründung des Tierparks im Berliner Osten war somit auch ein politischer Akt. Zum einen sollten dem Volk nach dem niedergeschossenen Aufstand vom 17. Juni 1953 mehr »Brot und Spiele« geboten werden, um es wieder zu versöhnen und von weiteren staatsstürzenden Gedanken abzubringen, und zum anderen sollte der Ostzoo natürlich besser werden als der Westzoo, so wie die ganze DDR im Verständnis von Ulbricht & Co. besser war als die BRD. In gewisser Weise war es ein »Aufrüsten mit Tieren«, das mit der Tierparkeröffnung im Sommer 1955 in Berlin-Friedrichsfelde begann. Ein kleiner »Zoologischer Kalter Krieg« nahm seinen Anfang, auch wenn sich die Kollegen aus Ost und West, wie ich später noch berichten werde, bei gemeinsamen Symposien sehr gut verstanden. Aber Berlin, die geteilte Stadt, war eben doch eine Ausnahme. Die jeweiligen Zoodirektoren – Professor Dathe im Osten und Professor Klös im Westen – pflegten bei aller zur Schau getragenen Freundlichkeit ein knackiges Konkurrenzverhältnis. Wenn der eine ein seltenes Tier hatte, dann musste der andere ein noch selteneres haben, wenn der eine ein nachtaktives Erdferkel hatte, musste der andere kohlkopfmampfende Seekühe haben, wenn der eine Rüsselspringer hatte, musste der andere noch mehr Rüsselspringer haben oder Nacktmulle oder Klippschliefer oder Okapis oder Elefanten und so weiter. Aber bevor dieser gewaltige Ost-Tierpark überhaupt zoologisch belebt werden konnte, musste er zunächst einmal gebaut werden. Und zwar vom Volk selbst. Anders als im Westen mussten sich die DDR-Bürger, genauer gesagt die Ostberliner, ihren Zoo eigenhändig zusammenzimmern, und zwar nach Feierabend und ohne Lohn für ihre Arbeit. Das »Nationale Aufbauwerk«, eine Masseninitiative zur freiwilligen, gemeinnützigen und unentgeltlichen Arbeit in der DDR, sorgte dafür, dass genügend »Bauameisen« aus allen möglichen Branchen bereitstanden, um die tiergärtnerische Cheopspyramide, den mit 160 Hektar größten Landschaftstiergarten Europas, in Rekordzeit zu errichten. Beziehungsweise ihn erst einmal so weit herzurichten, dass 1955 eröffnet werden konnte. Dathe ließ zunächst Käfige für Tiere bauen, die im Winter auch ohne Heizung auskamen, denn eine Heizung konnte man sich noch nicht leisten. Der VEB Kälte stiftete einen Eisbären, die Stadt Strausberg schenkte dem Tierpark ein Straußenpaar und die Staatssicherheit einen Brillenbären. – So fing alles an im Tierpark Berlin.

Aber noch einmal zurück zu Dathe und Leipzig. Professor Karl Max Schneider starb im Oktober 1955 und Dathe wurde kommissarischer Direktor. Trotz seiner Berufung nach Berlin blieb er dem Leipziger Zoo noch bis 1957 erhalten. Man kann auch sagen, er leitete noch so lange die Leipziger Löwenfabrik, bis sein nigelnagelneuer Zoo in Berlin fertiggestellt war. In diesen Jahren, zwischen 1955 und 1957, müssen sich Dathe und mein noch junger Vater (Geburtsjahr 1932) wohl kennen- und schätzen gelernt haben, denn Dathe wollte, dass mein Vater mit nach Berlin kommt, um Zootierarzt im neuen Zoo zu werden. Doch mein Vater wollte nicht nach Berlin. Er wollte in der Leipziger Löwenfabrik bleiben, was der lebenslangen Freundschaft zwischen ihm und Dathe aber keinen Abbruch tat. Man könnte auch sagen, Vogtländer halten irgendwie immer zusammen. Dathe ging also 1957 ganz nach Berlin und mein Vater trat 1957 mit 25 Jahren seine Stelle als Leipziger Zootierarzt an.

Ohne Professor Dathe ging im Tiergartenwesen der DDR so gut wie nichts. Die Zoos unterstanden allesamt dem DDR-Kulturministerium, und dieses hatte als beratendes Organ eine Kommission, der die Leiter aller großen Tiergärten sowie die Leiter von drei kleineren Heimattiergärten angehörten. 1969 wurde Professor Dathe zum Vorsitzenden dieser »Kommission für Tiergärten der DDR« gewählt. Sein Einfluss reichte so weit, dass er auch klare Empfehlungen aussprechen konnte, was zukünftige Zoodirektoren betraf. Ein Glücksfall für den Leipziger Zoo war sicher die Berufung von Professor Siegfried Seifert, einem gebürtigen Vogtländer, der vorher bereits den Rostocker Zoo aufgebaut und geleitet hatte.

Professor Seifert ist der freundliche, halbglatzige Zoodirektor meiner Kindheit. Er leitete den Leipziger Zoo von 1964 bis 1993 und sorgte dafür, dass die Löwenkäfige in der Löwenfabrik auch weiterhin voll blieben. Die berühmte Leipziger Löwenzucht wurde

»modernisiert« fortgeführt, indem Seifert Berberlöwen wiederauferstehen ließ, zumindest äußerlich (phänotypisch). Genetisch reinrassige, also echte Berberlöwen waren dagegen bereits ausgerottet. Später kam noch die Zucht Sibirischer Tiger, auch Amurtiger genannt, hinzu. Dabei handelt es sich um die größten Katzen der Welt, die in den siebziger Jahren vom Aussterben bedroht waren. Ich erinnere mich noch gut, dass schon die Katzenbabys in der sogenannten Tigerfarm auffallend dicke und dichte Felle besaßen, so dass ihre schwarzen Streifen immer eigenartig verschwommen wirkten. Diese kleinen Fellbatzen waren von Anfang an gegen jeden sibirischen Winter gewappnet, aber in freier Wildbahn lauerte trotzdem der Tod auf sie, das gefährlichste Tier der Welt, der ewig dämliche, über jeden Verstand hinaus gierige Mensch.

Ein Internationales Tigerzuchtbuch wurde eingerichtet und dem Leipziger Zoo 1973 zur Führung übertragen. Und so ist es bis heute geblieben. Auch wenn nicht mehr so viele Tigerbabys in Leipzig geboren werden wie in meiner Kindheit in den achtziger Jahren, so geht es doch noch immer darum, den »Tiger-Heiratsmarkt« weltweit zu koordinieren. Dieser Heiratsmarkt erstreckt sich nicht nur auf Zoos, sondern auch auf Zirkusse und Safariparks. Im Grunde sollen Inzucht und Krankheiten vermieden werden, indem jeder in Gefangenschaft lebende Tiger einen Personalausweis bekommt.

Aber was passierte noch im Zoo meiner Kindheit, der in den letzten 15 Jahren unter einer angemalten Spritzbetonwelt nahezu verschwunden ist? Was überlebte den Masterplan, den »Zoo der Zukunft« mit all seinen festgezurrten Laufwegen, Merchandisingstrategien, überteuerten Eisbuden und folkloristisch anmutenden Restaurants?

Zum Beispiel das sogenannte »Zooschaufenster«. Es wurde von Siegfried Seifert erfunden und 1976 fertiggestellt. Früher war es der freie, unbezahlte und unbezahlbare Bürgerblick vom Rosental auf die Freianlagen für Rinder, Kamele und südamerikanische Tiere – heute ist es der Blick auf die Afrikasavanne samt Lodge. Aber auch umgekehrt, beim Blick vom Zoo ins Rosental, wird man als Zoobesucher immer wieder gepackt. Das Rosental bietet plötzlich die Fata Morgana eines Landschaftstiergartens, den scheinbar richtigen Hintergrund, die Tiefenwirkung, die sich ein Zoobesucherauge im Grunde immer ersehnt. Zoobesucher wollen getäuscht werden, denke ich, aber weniger von disneylandartigen Kulissen als vielmehr von riesigen Wiesen, einem gewaltigen Grün, das bis in den Schädel hineinschwappt. Eine geniale Sache ist dieses Zooschaufenster, wie ich noch immer finde. Eine einfache und enorm wirkungsvolle Idee, die in schönem Gegensatz zur Gigantomanie und Pseudonatürlichkeit unserer neuen internationalen Zoowelt steht. Wenn man nicht aufpasst, wird sich der Spritzbeton im Safarilook wohl immer weiter vermehren. Jeder Zoo dieser Welt, der zu viel Geld zur Verfügung hat, könnte die immergleichen, langweiligen Zooarchitekten engagieren, so meine Befürchtung, und alles würde gleich aussehen.

Aber zurück in die Zeitmaschine. Professor Dathe, der Direktor des Tierparks Berlin, war ein zoologisches Leitgestirn der DDR, ein zoologischer Hansdampf in allen Gassen, ich erwähnte es bereits. Eine bestimmte Leistung von Dathe möchte ich aber dennoch hervorheben, weil sie mir als Einführung in eine Kindheitserinnerung aus dem Jahr 1986 dienen soll.

Professor Dathe war neben vielen anderen Verkörperungen wie Zoodirektor/Ornithologe/Buchautor/Rundfunk- und Fernsehstar auch der Gründer und Leiter einer Zoologischen Forschungsstelle auf dem Gelände des Tierparks, der späteren Forschungsstelle für Wirbeltierforschung der Akademie der Wissenschaften der DDR. Bereits 1959, ein Jahr nach der Gründung der Forschungsstelle, organisierte Dathe das »1. Internationale Symposium über die Erkrankungen der Zoo- und Wildtiere« im noch mauerlosen Berlin. In den folgenden drei Jahren fanden Symposien in Warschau, Köln und Kopenhagen statt und die Organisation oblag dem jeweiligen Gastgeber-Zoo. Erst nach dem 4. Symposium einigte man sich darauf, dass die Dathe-Forschungsstelle die Organisation von nun an ganz übernehmen sollte und die Symposien, die ich als Kind immer nur »Zootierärztesymposien« nannte, abwechselnd in einem kapitalistischen und in einem sozialistischen Land stattfinden würden. Somit war maßgeblich von Professor Dathe eine Plattform geschaffen worden, wo sich Zoomenschen aller Art, vor allem aber Zoodirektoren und Zootierärzte über alle Gräben politischer Systeme hinweg zusammenfinden und austauschen konnten. Diese Plattform existiert noch immer, auch wenn Dathe und die DDR schon längst verschwunden sind.

Und auch ich hatte gewisse Vorteile durch Dathe. Dank seinem Organisationstalent ging mein Vater einmal im Jahr auf Reisen und brachte Geschenke mit. Die eindeutig bessere Variante war natürlich die, wenn er zu einem Zootierärztesymposium in den Westen reiste und mir ein Westgeschenk mitbrachte. Aber auch die Ostgeschenke waren okay. Entscheidend für mich und meinen Bruder war in erster Linie, dass auf meinen Vater geschenketechnisch absolut Verlass war. Ob Süßigkeiten oder kleine Spielsachen, ob Zooaufkleber oder Zoo-T-Shirts, immer gab es eine kleine Bescherung, wenn er nach einer Woche Symposium wieder zurück in die »Fellhöhle« kam.

Was ich erst viel später, erst nach der Wende, von meinem Vater erfuhr: Ging es in den Westen zum Zootierärztesymposium, dann schickte man ihn und seine Kollegen nahezu ohne Westgeld über die Grenze. Vielleicht hatte Dathe ein paar D-Mark mehr in der Tasche, wer weiß, aber im Grunde schien sich der Arbeiter-und-Bauern-Staat darauf zu verlassen, dass die Zoo-Ossis schon irgendwie von den Zoo-Wessis, dem zoologischen Klassenfeind, durchgefüttert werden würden. Was dann glücklicherweise auch immer geschah. Letztlich entstand eine Art Zoofamilie, die über alle Grenzen hinweg zusammengehörte und zusammenhielt. Das ging so weit, dass zur Weihnachtszeit kleine Westpakete voller Lebkuchen, Kaffee und Süßigkeiten bei uns zu Hause einflatterten, allesamt von befreundeten Zoomenschen aus ganz Europa. Aber auch mein Vater machte sich mit den Weihnachtsgeschenken für seine West-Kollegen viel Mühe, vielleicht sogar mehr Mühe, denn mit DDR-Kaffee oder DDR-Süßigkeiten konnte er sich schwerlich revanchieren. Meist waren es Romane von Christa Wolf, Christoph Hein oder von zeitgenössischen russischen Schriftstellern wie Wladimir Tendrjakow, aber auch Bildbände oder Schallplatten, die mein Vater sorgsam verpackte und mit eng geschriebenen Weihnachtsgrüßen in den Westen katapultierte.

1986 war das Jahr, in dem ein Zootierärztesymposium wieder einmal in der DDR stattfand und ich endlich groß genug war, um meinen Vater zu begleiten. Ich freute mich riesig. Es war inzwischen das »28. Internationale Symposium über die Erkrankungen der Zoo- und Wildtiere« und fand vom 28. April bis 3. Mai in Rostock statt.

Mein Vater, meine Mutter und ich reisten zusammen an die Ostsee und betraten das Hotel Neptun in Warnemünde, wo alle Symposiums-Gäste untergebracht waren. Ich war zwölf Jahre alt und war noch nie zuvor in einem so großen und prächtigen Hotel abgestiegen, das auch noch direkt am Meer lag. Irgendwo sah ich ein HO-Zeichen an der Wand, aber ich konnte die Pracht dieses Gebäudes damals in keiner Weise in Verbindung bringen mit dem HO-Schriftzug über dem winzigen Tante-Emma-Laden bei uns zu Hause um die Ecke. Wie ich heute weiß, ist das Neptun 1971 erbaut worden, ist 64 m hoch, hat 18 Etagen und 338 Zimmer, die alle mindestens einen seitlichen Blick zum Meer zulassen. Unser Zimmer hatte einen richtigen, einen vollen Meerblick und es war großartig, die Wellen der Ostsee aus der Vogelperspektive anbranden zu sehen. An die genaue Etage kann ich mich nicht mehr erinnern, aber es war wohl eher mittendrin, nicht ganz unten und nicht ganz oben, vielleicht ein Stückchen über der Hälfte. Leider war es erst Anfang Mai und noch viel zu kühl, um im Meer baden zu gehen, aber mein Vater hatte mir ein Geheimnis anvertraut: Direkt neben dem Hotel gab es eine Meerwasserschwimmhalle mit Wellenanlage, und die würden wir aufsuchen!

Eine Wellenanlage – auch so etwas hatte ich noch nie gesehen. Ich stellte mir stundenlang sehr lebhaft diese Wellenanlage vor, bis ich sie dann endlich erleben durfte und fast ertrunken wäre. Vielleicht übertreibe ich, aber es kam mir vor wie eine Urkraft, die plötzlich über mich hereinbrach, mich herumwirbelte und von allen vertrauten Menschen abtrennte. Ich schluckte Unmengen von Meerwasser und hustete und erbrach mich, ohne zu wissen, wie ich aus diesem wild gewordenen Kessel wieder herauskommen sollte. Zum Glück dauerte der Anfall von Urkraft nur wenige Minuten und nachdem ich ihn überlebt hatte, schwamm ich zum Beckenrand, stemmte mich zitternd heraus und lief zum Süßwasserkinderbecken, um mich zu beruhigen und reinzupinkeln. Später aßen wir Goldbroiler und Pommes frites in der »Broilerbar« des Neptuns, wo ich mich vollends von den künstlich erzeugten Wellen erholte und jeden Pommesschnipsel genoss. Mein Traum damals war, eine eigene Pommes-Maschine zu besitzen, um jeden Tag zu Hause Pommes essen zu können von früh bis spät.

Woran ich mich ebenfalls gut erinnern kann in diesem sagenhaft großen und plüschigen Hotel, ist eine Art Spielgeld – kleine Scheinchen, die aussahen wie aus der Plastekasse meines alten Kaufmannsladens herausgefischt. Mit diesen Scheinchen musste alles im Neptun bezahlt werden. Es war das sogenannte Neptun-Geld, wie ich später erfuhr. Es war eingeführt worden, um den Schwarzhandel zwischen Ost- und Westgästen im Hotel zu unterbinden oder zumindest einzudämmen. Tatsächlich übernachteten zu DDR-Zeiten immer wieder Geschäftsleute aus dem Westen im Neptun und ich erkannte sie damals schon an der Rezeption. Westmenschen sahen einfach anders aus als Ostmenschen. Im Grunde wirkten sie wie Außerirdische. Nicht nur, dass sie moderner gekleidet und braun gebrannt waren wie Broiler und irgendwie gesünder aussahen als alle Ostmenschen, sie rochen auch noch besser, fand ich – sie dufteten! Selbst wenn man einige Meter auf Abstand blieb, roch man sie immer noch. Als ob sie schon als Kinder in einen Kessel mit »Intershoptrank« gefallen wären. Ich streifte gerne in ihrer Nähe herum und atmete tief ein, um den Westkaugummigeschmack in die Lungen zu bekommen.

Auch Prominente und Staatsgäste, wie Fidel Castro oder Willi Brandt, stiegen zu DDR-Zeiten im Neptun ab, aber im Frühjahr 1986, als ich da war, habe ich keinen einzigen gesehen. Dafür sah ich jeden Tag Zoomenschen aus Ost und West, mit denen mein Vater sehr vertraut und freundschaftlich verkehrte, was mich faszinierte. Besonders faszinierte mich aber sein Umgang mit den Westmenschen, vor denen er anscheinend überhaupt keine Angst und keine Hemmungen hatte so wie ich. Ausnahmslos alle schienen sich gut zu kennen und zu verstehen. Es wirkte wie ein großes, ein sehr großes Familienfest.

Die meisten Zoomenschen konnte ich erst am Nachmittag oder am Abend länger beobachten, denn frühmorgens verließen alle das Hotel und fuhren nach Rostock zum Symposium. Dann blieb ich mit meiner Mutter und den anderen »Zoomänner-Ehefrauen« allein im Neptun zurück und absolvierte mit ihnen gemeinsam das »Damenprogramm«. Ich kann mich an nichts Bestimmtes mehr erinnern und weiß nur noch, dass wir viel spazieren gegangen sind. Am Abend kamen dann zum Glück die Zoomänner zurück, und auch mein Vater.

Professor Dr. Heinrich Dathe, langjähriger engster Mitarbeiter Professor Schneiders, leitete nach seiner Berufung als Direktor des Berliner Tierparks zugleich zwei Jahre lang den Leipziger Zoo.

URLAUBERZENTREN

D 1 Warnemünde – Ostseebad mit breitem Sandstrand. Hotel „Neptun". Teepott. Mole. Leuchtturm. Jachthafen und Fischereihafen am alten Strom. Von Warnemünde aus internationale Verbindung mit Fährschiffen nach Gedser (Dänemark). Meerwasserschwimmbad.

78 _ Professor Dr. Heinrich Dathe mit einem Leipziger Löwen
79 _ Warnemünde, Lehrquartett
80 _ Postkarte »Warnemünde Hotel ›Neptun‹ – Meeresbrandungsbad«

Andere »Zookinder« waren nicht mit nach Warnemünde gereist, ich war das einzige Kind beim Symposium. Deshalb fiel ich auch irgendwann auf. Ich wurde von dem einen oder anderen Zoomann gefragt, zu wem ich gehöre, und stotterte meinen Namen heraus. »Ach, zum Elze«, konnte ich dann meistens hören und freute mich, dass ich so einfach davongekommen war.

Nach zwei oder drei Tagen Symposium aber war es so weit, dass mein Vater beschloss, mich seinem Freund und Lieblingsvogtländer Heinrich Dathe vorzustellen. Ich war plötzlich sehr aufgeregt, als ich meinem Vater im Hotelrestaurant zu einem Tisch folgte, wo Dathe sitzen sollte. Meine Aufregung resultierte aber nicht daraus, dass ich schon viel von Dathe gehört hätte und er mein Idol gewesen wäre (zu der Zeit interessierten mich nur russische Passagierflugzeuge) oder dass mein Vater mir leicht angedudelt verkündet hatte, er stelle mich jetzt dem »König aller Zoodirektoren« vor, nein, meine Aufregung stellte sich im Grunde immer dann von ganz alleine ein, wenn ich wildfremden Menschen begegnen musste. Mein Vater und meine Mutter ahnten, glaube ich, damals nur die Hälfte von meiner Schüchternheit, aber meine Schüchternheit war mit zwölf Jahren bereits eine vollkommene – eine ausgewachsene Ungeheuerlichkeit. Ich folgte also meinem Vater mit rasendem Puls, ohne zu wissen, wie Dathe überhaupt aussah. Am Tisch angekommen, schlug mein Vater einem kleinen halbglatzigen Mann, der mit einigen Damen zusammensaß, freundschaftlich von hinten auf die Schultern. Wie ein erschrecktes, flinkes Tierchen warf sich Dathe sofort herum. Dann lachten seine überaus lebendig wirkenden Augen hinter den kantigen Brillengläsern und er forderte meinen Vater auf, sich zu ihm zu setzen. Aber was machte mein Vater? Er blieb einfach stehen und zog stattdessen mich näher an den Tisch heran, nannte meinen Namen und mein Geburtsjahr und stellte klar, dass ich von ihm abstamme. Dann machte er sich aus dem Staub. Vorher hatte er mich noch auf den leeren Stuhl runtergedrückt, der neben Dathe stand, und gemeint: »Nun bleib mal eine Weile beim Heinrich, der kennt die besten Geschichten.«

Ich schaute hilflos meinem Vater hinterher, der im Zoomenschengedränge verschwand, und nahm dann wahr, dass auch Dathe von dem Überfall etwas überfordert war. Er fragte mich noch einmal nach den wichtigsten Daten: Vorname/Alter/Klassenstufe und ich merkte, dass er, genauso wie mein Vater, gut einen gezwitschert hatte. Erst viele Jahre später erzählte mir jemand, dass Dathe kaum Alkohol trank, nur kam es mir an diesem Abend gar nicht so vor. Aber vielleicht täusche ich mich da auch gewaltig, war ich doch selbst völlig besoffen vor Aufregung.

Wie schon erwähnt, wusste ich damals so gut wie nichts über Dathe – auch nicht, dass er eine Doktorarbeit »Über den Bau des männlichen Kopulationsorgans beim Meerschweinchen« verfasst hatte. Meerschweinchen hätten ein gutes Thema sein können, sogar ein sehr gutes, zumindest besser als keins. Dathe und ich fanden auf die Schnelle rein nichts, worüber wir hätten sprechen können. Ich war ihm dankbar, dass er sich wieder den Damen am Tisch zuwandte und eine offenbar von meinem Vater unterbrochene Geschichte fortsetzte. An die Geschichte kann ich mich nicht mehr erinnern, aber was mir fest im Gedächtnis blieb, ist, dass mich dieser kleine dickliche Mann, der ein ganzes Stück älter als mein Vater war, sofort faszinierte. Er sprach ein breites Sächsisch oder Vogtländisch und wirkte ganz ungehemmt und putzig zugleich. Er lachte viel und laut und auch die Damen lachten immerzu, wenn er sprach. Dathe kam mir vor wie eine Urkraft. Fast noch mehr Urkraft als mein Vater oder die Wellenmaschine neben dem Neptun. Ich duckte mich etwas weg und gleichzeitig war ich froh, neben Dathe sitzen zu können. Irgendwann hielt ich es trotzdem nicht mehr aus. Ich stand blitzschnell auf, verabschiedete mich von ihm und seinen Frauen und lief davon.

Später am Abend erfuhr ich von meinem Vater, dass Dathe mich mochte und es mir nicht übel nahm, dass ich ihm ein Glas Rotwein über die Hosen geschüttet hatte. Ich stand da wie vom Blitz getroffen. Ich hatte an diesem Abend gar niemandem ein Glas Rotwein irgendwohin gegossen, schon gar nicht Dathe. Dathe musste verrückt geworden sein. Ich weiß noch, wie ich begann, mich krampfhaft zu verteidigen, und die Ungeheuerlichkeit und Ungerechtigkeit dieser Behauptung fast als körperlichen Schmerz wahrnahm. Mein Vater wiederholte immer wieder, es sei doch nicht so schlimm und Dathe habe es nicht krumm genommen, aber ich wollte mich auf keinen Fall damit abfinden. Nein, ich hatte Dathe nicht beschmutzt, niemals!

Allmählich dämmerte mir, dass Dathe ein gemeiner Lügner war, ein echter Kinderverleumder, obwohl ich das Wort Verleumder noch gar nicht kannte. Andererseits musste ich ständig darüber nachdenken, ob ich beim Umdrehen und Weggehen womöglich doch Dathes Glas umgekippt hatte, ohne es zu bemerken. Aber ich hätte es merken müssen, sagte ich mir, ich hätte es merken müssen! Ich war nicht vom Tisch weggestürzt, ich hatte Dathe und seinen Frauen die Hand zum Abschied gereicht, und zwar nicht über den Tisch hinweg, ich war ordentlich um den ganzen Tisch herumgegangen, das wusste ich noch, und dann hatte ich mich mehr oder weniger langsam von Dathe entfernt, vielleicht ein bisschen schneller als normal, aber gerannt war ich nicht! Ja, es stand fest, Dathe war jetzt mein Feind, der »König der Zoodirektoren«, dieser Möchtegern-König, sagte ich mir, beschuldigte einfach so Kinder.

Wäre mir damals schon klar gewesen, dass der Westberliner Zoodirektor Professor Klös Dathes größter Konkurrent war, ich hätte meinen Vater wahrscheinlich so lange bearbeitet und angebettelt, bis er mich mit Klös in irgendeinen Tagungsraum des Neptun-Hotels gesteckt hätte, um über Dathes weiteres Schicksal zu entscheiden. Vielleicht wäre eine Verbannung auf eine vegetations- und menschenlose Meerschweincheninsel herausgekommen. Dort hätte Dathe seine geliebten Meerschweinchen aufessen müssen, ob er gewollt hätte oder nicht. Ich hatte eine Stinklaune. Trotz meiner Schüchternheit, die mich sonst so fest im Griff hatte, war ich zu allem bereit, um gegen die Lügen der Erwachsenen anzukämpfen und der Wahrheit zum Sieg zu verhelfen. Ich wollte Dathe als Lügner überführen, ich war knallrot im Gesicht und mein Vater musste mich mehrmals an diesem Abend davon abhalten, zu Dathe zu stürzen und ihn zur Rede zu stellen. Immer wieder fing er mich knapp vor Dathes Tisch ab und es schien, dass ihn meine Wut allmählich ausnüchterte. Er schaute besorgt aus und bot mir an, einen Schluck Wein oder Bier zu trinken, um mich zu beruhigen, was ich schließlich auch tat und was meine Attacken auf Dathe tatsächlich beendete. Zumindest für diesen Abend. In den nächsten Tagen versuchte ich noch zweimal, an Dathe heranzukommen, aber ohne Erfolg. Nun passte auch meine Mutter auf mich auf, als wäre sie Dathes Personenschützerin.

Was mich am Ende aber wirklich und dauerhaft von Dathe ablenkte, war ein anderes Manöver meines Vaters und ein anderer Zoomensch, der mich täglich mehr und mehr zu faszinieren begann. Mein Vater stellte mich Dr. Wolfgang Gewalt vor, dem Direktor des Duisburger Zoos, einem echten Abenteurer, wie ich bei meiner ersten Begegnung sofort begriff. Dr. Gewalt wurde nicht wie Gewalt im Sinne von Kraft und Wucht ausgesprochen, sondern mit einem langen »e«, was mir bei diesem Mann aber absolut falsch vorkam. Er vermittelte mit jeder Regung seines Körpers und mit jedem Satz, den er sprach, eindeutig den Eindruck von elementarer Wucht. Es konnte keinen passenderen Namen für ihn geben als Dr. Wucht.

Dr. Gewalt war das optische Gegenteil von Professor Dathe: Er war groß gewachsen, braun gebrannt und sehr muskulös. Außerdem roch er auch besser als Dathe, weil er ein Wessi war und das bessere Aftershave benutzte. Mein Vater war mit Gewalt weniger eng befreundet als mit Dathe, das merkte man, aber genau das war mir sehr recht. Ich rückte Gewalt mit großer Anhänglichkeit auf die Pelle und musste, nachdem mich mein Vater vorgestellt hatte und Gewalt mir seine großen weißen Zähne gezeigt hatte, kaum noch etwas sagen. Gewalt erzählte und erzählte, ununterbrochen. Erzählte von seinen Expeditionen nach Mittelamerika und Südamerika, von Walen und Delfinen, die er selbst in der Wildnis gefangen hatte, erzählte von Stürmen, Windstärke-9-Wolkenbrüchen und kenternden Booten, erklärte den Unterschied zwischen Barten- und Zahnwalen, berichtete von harmlosen Wal-Läusen und gefährlichen Wal-Lungenwürmern, schwärmte von seinen gefangenen Tieren, die im Frachtraum von Flugzeugen in feuchten Hängematten lagen und sich durch eine menschliche Stimme und das Streicheln einer menschlichen Hand beruhigen ließen, erzählte genauso kraftvoll und wild und verwegen, wie er selbst aussah. Ich kann mich gut erinnern, dass auch Andere, vor allem Zoomänner-Ehefrauen, beim Spazierengehen am windigen Ostseestrand Dr. Gewalt an den Lippen hingen. Und trotzdem gab mir dieser verrückte Kapitän, dieser echte »Indiana Jones«, das Gefühl, als ob er gerade alles nur mir ganz allein erzählte.

Wie ich später von meinem Vater erfuhr, war Dr. Gewalt tatsächlich eine Berühmtheit und hatte schon für etliche Schlagzeilen gesorgt. Schon mehrmals hatte er als verschollen gegolten in irgendwelchen südamerikanischen Dschungeln, aber schließlich war er doch immer wieder in Duisburg aufgetaucht; plötzlich wieder aufgetaucht mit völlig neuen Walarten, die noch nie zuvor in irgendeinem Zoo auf der Welt gezeigt worden waren. Überall schwammen und sprangen Delfine und noch größere Wale herum, so stellte ich mir damals im Mai 1986 diesen sagenhaften Westzoo vor, von dem mir Gewalt einen bunten Prospekt geschenkt hatte. Zu gerne wäre ich mit ihm zusammen nach Duisburg gereist, was nicht möglich war – leider. Und nochmals leider. An der Seite dieses Abenteurers kam ich mir zum allerersten Mal eingesperrt vor in dieser kleinen DDR, was ich als Kind vorher noch nie so empfunden hatte. Ich glaube, ich war damals völlig vernarrt in Dr. Gewalt und hätte auch meine Eltern verlassen, zumindest kurzzeitig, nur um einmal mit ihm zusammen im Orinoko Flussdelfine zu fangen oder am Kap Hoorn schwarz-weiße Jacobitas, sogenannte Panda-Delfine.

Einmal, als ich noch gar nicht auf der Welt war, hatte Dr. Gewalt sogar internationale Schlagzeilen gemacht, aber sehr zu seinen Ungunsten. Im Mai 1966 hatte sich ein Belugawal, der von der Presse »Moby Dick« getauft wurde, von der Nordsee in den Rhein verirrt. Dr. Gewalt ging davon aus, dass der Wal es nur wenige Tage in der deutschen Dreckbrühe aushalten würde, und wollte ihn fangen. Er musste improvisieren. Er montierte von Duisburger Tennisplätzen massenweise Tennisnetze ab und funktionierte sie in Fangnetze um. Doch spätestens als er auch noch Betäubungspfeile abschoss, die ihre Wirkung verfehlten, wurde Gewalt in den Zeitungen zum neuen »Käpt'n Ahab« erklärt. Tierschützer bewarfen ihn mit Obst, damit er Moby in Ruhe lässt, und Gewalt musste sich geschlagen geben. Er blieb in seinem Zoo und wartete ab. Glücklicherweise schaffte es Moby dann doch noch allein in die Nordsee zurück, so dass Gewalt vielleicht ein wenig besänftigt war, schließlich hatte auch er Moby retten wollen. Dass er zeitlebens keine Sympathien mehr für radikale Tierschützer aufbrachte, hat mit Sicherheit seinen Ursprung in genau dieser Moby-Geschichte.

Ansonsten weiß ich kaum etwas vom privaten Dr. Gewalt und habe ihn auch nie wiedergesehen. 1993 ging er in den Ruhestand und starb 2007 mit 78 Jahren nach einem häuslichen Unfall auf seinem

Alterssitz in Herrischried im Schwarzwald, wie es bei Wikipedia heißt. Auch Professor Dathe habe ich nie wiedergesehen. Der König der Zoodirektoren wurde im Dezember 1990 mit 80 Jahren zwangspensioniert und auf perfide Weise aus seiner Wohnung, oder man muss schon sagen: aus seinem Museum, im Tierpark gedrängt und in die nichtzoologische Welt ausgesetzt. Im Grunde das letzte Scharmützel im »Zoologischen Kalten Krieg«, Professor Klös (der Westberliner Zoodirektor) lässt grüßen. Dathe starb schon wenige Wochen später am 6. Januar 1991. An seiner Trauerfeier nahmen Tausende Menschen teil. Er wurde unweit des Berliner Tierparks in Karlshorst begraben.

Im Sommer 2001, nach dem Tod meines Vaters, bin ich mit meinem Freund Gerrit durch ganz Deutschland gereist. Wir haben uns alle größeren und kleineren Zoos angeschaut und wollten sehen, was uns besonders gut gefällt, um später selbst einen Zoo zu gründen. Dieser Plan kam uns damals absolut realistisch vor und beanspruchte fast jede Minute unseres Denkens. So geschah es, dass ich 2001 auch den Duisburger Zoo besuchte, zum allerersten Mal. Ich sah Delfine, die mit wenig Unterwasseranlauf fünf Meter in die Höhe sprangen, und ich musste wieder an Dr. Gewalt denken und spürte, wie stark er mich damals in Warnemünde tatsächlich beeindruckt hatte, obwohl ich nur ein oder zwei Mal mit ihm am Ostseestrand spazieren gegangen war.

Aber auch Dathe hat mich nie ganz losgelassen. Meine Frau kommt aus Berlin und wir sind regelmäßig zu Besuch bei ihrer Mutter in Karlshorst. Irgendwann stand ich auch zum ersten Mal vor Dathes Grab. Sein Stein ist klein und bescheiden, aber das Grab ist gepflegt, ein Berliner Ehrengrab. Ich habe mich an das umgeschüttete oder nicht umgeschüttete Glas Rotwein erinnert und keinen einzigen Funken Wut mehr verspürt. Im Gegenteil, ich habe mich zum ersten Mal bei Dathe entschuldigt, dass ich ihm damals an die Gurgel gehen wollte.

Als wir am 3. Mai 1986 aus Warnemünde zurück nach Leipzig kamen, lag die Nuklearkatastrophe von Tschernobyl bereits eine Woche zurück. Langsam tröpfelten die ersten verlässlichen, durch Satellitenaufnahmen gestützten Informationen in die Medien, sogar ins DDR-

Fernsehen. Ich hatte nichts mitbekommen in diesen glücklichen Tagen am Meer, ich kann mich an kein einziges besorgtes Erwachsenengesicht in Warnemünde erinnern. Aber jetzt sprachen alle davon. Über die Nuklearwolke, die sich immer weiter nach Westen ausbreitete, auch in Richtung DDR. Ich verstand gar nichts und schlief von Nacht zu Nacht schlechter. Die Unsichtbarkeit und Unberechenbarkeit dieser gefährlichen Wolke machte mir mächtig zu schaffen. Wer konnte mir versichern, dass sie nicht schon da war, diese Wolke: über Leipzig, über dem Fockeberg, direkt über meinem Kopf? Niemand konnte es mir sagen. Ich ging weiter zur Schule und redete mit meinen Freunden, die genauso wenig verstanden wie ich. Aber allmählich gewöhnten wir uns an die Sorge. Der Appetit und der feste Schlaf kamen zurück. Doch verwundert war ich noch immer. Es war genau an meinem 12. Geburtstag passiert und ich hatte nichts gemerkt – nichts gehört und nichts gespürt – rein nichts.

81

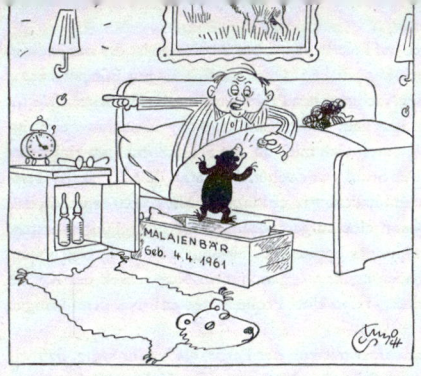

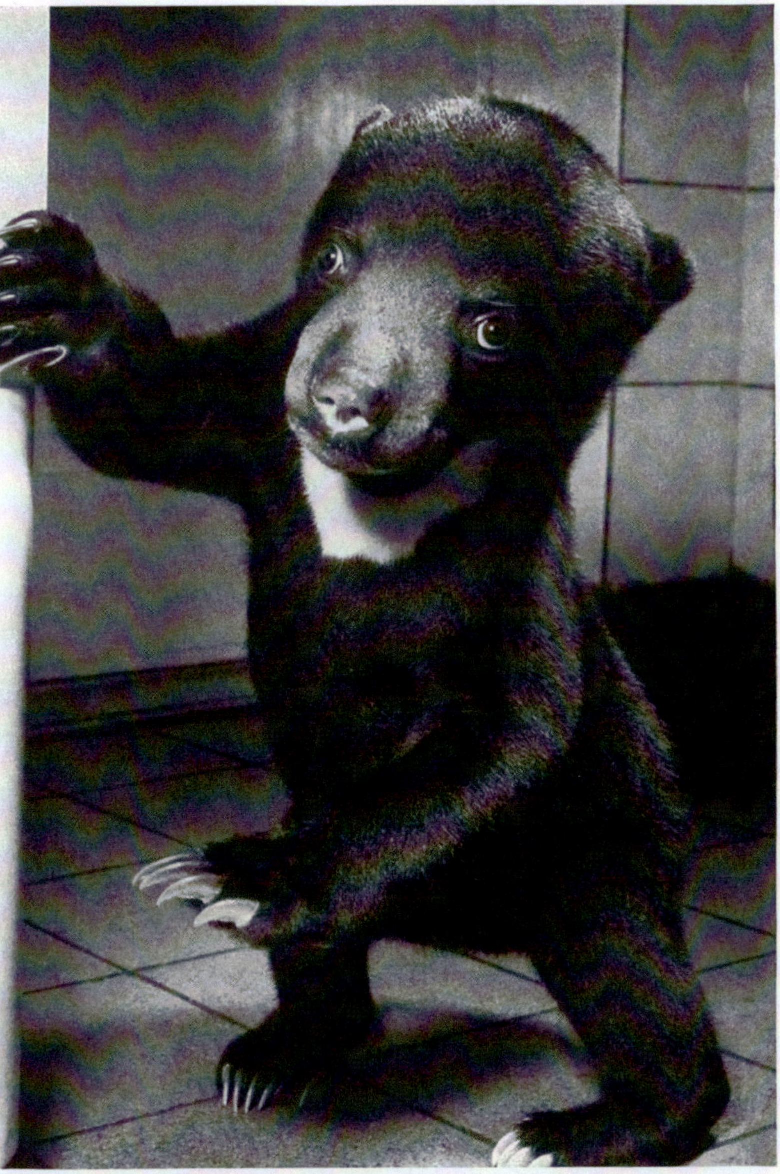

82

ly, betont harmlos schauend, richtet sich am Eisschrank hoch. – Aufn.: G. Budich, 11. Juli 1961

»Evi« bekommt eine Honigschnitte.
Es schmeckt,
ist aber leider sooo klebrig!
Aufn.: G. Budich, 17. Juli 1961

Das Unbehagen steigt!
Aufn.: G. Budich, 17. Juli 1961

Es ist bald geschafft.
Aufn.: G. Budich, 17. Juli 1961

81 _ »Hier hast du zwei Mark, geh' in die Milchbar. Auch ein Tierparkdirektor muß mal schlafen!«, Cartoon: Malaienbärenkind »Evi« und »Vizemutter« Professor Dathe

Pfui!
Aufn.: G. Budich, 4. September 1961

82 – 84 _ Malaienbärenkind »Evi«, geboren am 4. April 1961, wurde von Familie Dathe im Tierpark Berlin großgezogen, weil sich Bärenmutter »Tschita« nicht genügend kümmerte

Gilbert Houcke mit seiner Tigergruppe

85 _ Gilbert Houcke mit seiner Tigergruppe im Circus Busch, um 1943

Zirkus

Immer wenn zu DDR-Zeiten ein Zirkus in Leipzig zu Gast war, hatte mein Vater nicht nur »Zoobereitschaft«, sondern auch »Zirkusbereitschaft«. Das hieß, sobald ein Zirkustier krank wurde, klingelte bei uns zu Hause das graue Wählscheibentelefon und mein Vater raste im beigen Wartburg los. Manchmal begleitete ich ihn und er guckte in dieses und jenes Maul, beschaute sich diesen und jenen Huf, aber was mir am klarsten im Gedächtnis geblieben ist, sind die Freikarten, die er immer geschenkt bekam, auch wenn die Tiere gesund blieben. So wurden die DDR-Zirkusse zu einem wichtigen Teil meiner Kindheit, wenngleich ich mich an die meisten Zirkusnummern nur noch verschwommen erinnere.

Die Namen der großen DDR-Zirkusse waren »Busch«, »Aeros« und »Berolina«, wobei Letzterer zunächst »Barlay« und dann »Olympia« hieß. Diese drei ursprünglich privat gegründeten und von richtigen Zirkusfamilien geführten Unternehmen wurden Anfang der fünfziger Jahre zum Volkseigentum erklärt, also verstaatlicht, und 1960 unter dem Namen »VEB Zentral-Zirkus« zusammengefasst. Zum Glück durften sie aber weiterhin mit ihren alten, klangvollen Namen auf Reisen gehen. Jedes Jahr von April bis Oktober tourten sie durch die Republik und bespielten alle großen Städte zwischen Ostsee und Erzgebirge. Ein gemeinsames Winterquartier wurde 1963 in Berlin, in Dahlwitz-Hoppegarten, direkt neben der Pferderennbahn, errichtet. Zirkus galt in der DDR im Unterschied zur BRD als Kunst, genauer gesagt als volksnahe Kunst, und war somit Teil des Kulturbetriebes. Das hatte paradiesische Folgen sowohl fürs Publikum als auch für Artisten und Dompteure. Zum einen blieben die Eintrittspreise niedrig, zwischen zwei und sieben Mark pro Platz, zum anderen gab es ab 1972 sogar Festanstellungen im Zirkus, so dass ein Zirkusmensch in der langen Winterpause finanziell abgesichert war. Alles in allem waren Zirkusse zu DDR-Zeiten unschlagbar erfolgreich: Etwa 60 Millionen Besucher strömten von 1960 bis zur Wende in die großen Manegen.

Ab 1980 war der gemeinsame »VEB-Aufkleber« wieder verschwunden und alle drei Großzirkusse wurden zum »Staatszirkus der DDR« erklärt. Der wichtigste Grund für diese Umbenennung waren der zunehmende internationale Erfolg einzelner Zirkusnummern und die steigende Zahl von Gastspielen auf der ganzen Welt, von Europa über Südamerika bis nach Japan. Und wer in dieser großen, weiten, devisengefüllten Welt würde sich nicht die Zunge zerbrechen beim Aussprechen von VEB Zentral-Zirkus? So einsichtig war man sogar im Politbüro. Der Staatszirkus der DDR war somit geboren – sicher auch in Anlehnung an das Moskauer Vorbild, den »Großen Russischen Staatszirkus«. Letzteren hatte ich einmal Mitte der achtziger Jahre mit meinem Vater und meinem Bruder in Moskau erlebt, wobei mir nur noch in Erinnerung geblieben ist, dass es dort eine unfassbare Elefantennummer gab. Die Tiere wurden zu einer Elefantenpyramide hoch gestapelt, die nahezu bis zur Decke reichte. Es war wie im Trickfilm. Um aber bei den DDR-Zirkussen zu bleiben: Neben der »Dreifaltigkeit« des Staatszirkus gab es auch noch einige kleinere Zirkusunternehmen, die tatsächlich privat blieben und erfolgreich die Provinz, das »flache Land«, bespielten. Auftritte in größeren Städten waren ihnen nicht erlaubt, aber trotzdem erreichten sie bis zu 85.000 Besucher im Jahr. So kam es, dass ich den Zirkussen »Probst« oder »Hein« und dem Reisevarieté »Rolando« nur im Urlaub, in irgendwelchen Kleinstädten in Thüringen oder Mecklenburg begegnet bin.

Eine der erfolgreichsten und spektakulärsten DDR-Zirkusnummern oder überhaupt Zirkusnummern, die je gezeigt wurden, war eine Eisbärendressur der inzwischen verstorbenen Dompteurin Ursula Böttcher. Frau Böttcher, die das lateinische »ursus« für Bär sogar im Vornamen trug, war eine winzige Person von 1,58 m, die ihr Zirkusleben zunächst als Putzfrau im Zirkus Busch begonnen hatte. Am Ende dirigierte sie bis zu zwölf arktische Riesen gleichzeitig und gab einem davon, dem Eisbären »Alaska«, bei jeder Vorstellung den sogenannten »Todeskuss«, was sie weltberühmt machte. Viele Jahre lang, tagein, tagaus, ließ sie es zu, dass eine riesige schwarze Eisbärenschnauze über ihren kleinen roten Mund wischte, um an einen Zuckerwürfel oder ein Stück Fleisch heranzukommen. Sie selbst hat es später einmal so beschrieben: »Ich hatte Fleisch im Mund und ›Alaska‹ holte es sich, schleckte mich ab. Ein Geschmack von Lebertran! Mich vollzusabbern hat dem Bären Spaß gemacht. Da hatte er ein Grinsen im Gesicht.«

Ich selbst habe die Nummer nur einmal im Leben gesehen, weiß aber nicht mehr genau, in welchem Jahr es war. Auch an ein grinsendes Eisbärengesicht kann ich mich nicht mehr erinnern. Was jedoch in meinem Kopf geblieben ist, ist das leicht verschwommene Bild einer kleinen, aber resoluten, peitschenknallenden Frau, die ihre Eisbären auf Kugeln laufen und durch Reifen springen ließ, die auf ihnen ritt wie auf zu großen Ponys und sich schließlich ganz am Ende auf die Zehenspitzen stellte, ihr Gesicht nach oben hielt und sich von einem mehr als doppelt so großen blauzungigen Bären küssen ließ, der sich weit nach unten beugen musste.

Die »Baroness of the bears«, wie sie später genannt wurde, bekam für diese Dressurnummer und Mutprobe 1974 den Zirkus-Oscar beim Festival Mundial in Barcelona überreicht. Irgendwann in den achtziger Jahren wurde sogar eine Zirkus-Sondermarke zu Ehren von Ursula Böttcher gedruckt, die genau diesen Todeskuss mit Alaska zeigte. Natürlich hatte ich diese Marke zu Hause in meinem Briefmarkenalbum und war sagenhaft stolz darauf.

Nach der Wende ging die schillernde DDR-Zirkuswelt, wie so vieles andere auch, recht zügig den Bach runter. Der Staatszirkus wurde als »Berliner Circus Union GmbH« der Treuhand unterstellt, wurde aber nicht mehr wie einer der wichtigsten Kulturbetriebe eines zusammengebrochenen Landes behandelt, sondern nur noch wie ein reiner Wirtschaftsbetrieb – was er nie gewesen war. Es kam zu Entlassungen, Tierverkäufen, Liquidationen von Betriebsteilen, schnell zusammengezimmerten Fusionen und Namensrechteverkäufen und so weiter. Alles lief auf einen eruptiven Bedeutungsverlust hinaus, genauso wie bei fast allen anderen DDR-Betrieben. Was den Untergang aber zusätzlich unaufhaltsam machte, war die Tatsache, dass die Menschen nach 1989 ganz neue Träume und Nöte hatten. Wer interessierte sich in den Nachwendejahren schon für Zirkusse?

Andererseits sagt die Weisheit aller Zirkusmenschen: »Solange es Kinder gibt, wird es immer auch Zirkusse geben«, und ich glaube, sie haben recht damit. Inzwischen sitze auch ich nach langen Jahren der Abstinenz wieder regelmäßig in allen möglichen kleineren und größeren Zirkussen und beobachte von der Seite meine eigenen, verzauberten Kinder. Bei manchen Vorstellungen blicke ich die Hälfte der Zeit gar nicht mehr nach vorn in die Manege, sondern nur noch in den Spiegel eines kindlichen Gesichts und freue mich diebisch darüber.

Aber zurück zum Anfang der neunziger Jahre. Während der Staatszirkus der DDR sich langsam in Luft und Tiere auflöste, zeigten sich die westlichen Großzirkusse wie »Zirkus Knie« (aus dem der Leipziger Elefantenbulle »Sahib« stammte) und »Zirkus Krone« zum ersten Mal in Leipzig am Cottaweg. »Zirkus Krone« aus München ist noch immer der größte reisende Zirkus Europas mit den meisten Tieren. Jahrzehntelang wurde er von starken Frauen regiert: erst von Frieda Sembach-Krone bis zu ihrem Tod 1995, und dann von ihrer Tochter Christel Sembach-Krone von 1995 bis 2017. Beide Damen wurden 80 Jahre alt und haben Großes in der Zirkuswelt geleistet. In jüngeren Jahren waren sie in ganz Europa berühmt für ihre Pferdedressuren, Frieda Sembach-Krone trug sogar den Beinamen »Prinzessin der Pferde«. Mein Vater, ein ausgewachsener Pferdenarr, kannte beide sehr gut und verehrte sie.

Auch wenn ich nicht mehr ganz klein war, sondern schätzungsweise 15 oder 16 Jahre alt, gehört eine Begebenheit aus dem »Zirkus Krone« zu meinen liebsten Gerade-noch-Kindheitserinnerungen. Mein Vater wurde gerufen, das neue Tastentelefon im Flur klingelte: Ein Tiger war krank und konnte nicht in der Vorstellung auftreten. Ich weiß nicht mehr genau, was ihm fehlte, aber mein Vater schien alles im Griff zu haben und ließ Tigertabletten da, die ins Futter gemischt werden sollten. Danach stiegen wir zu Frieda Sembach-Krone in den Zirkuswagen. Mein Vater stellte mich vor und ich bewunderte vor allem den geräumigen und mit scheinbar allen technischen Raffinessen ausgestatteten West-Zirkuswagen dieser alten Dame. Es wurde vor meinen Ohren mit Zirkusnamen und Zirkuswissen jongliert und ich erfuhr zum ersten Mal wie nebenbei, dass auch mein Vater einmal als junger Mann für einige Wochen mit einem Zirkus mitgereist war. Mein Vater und die »Prinzessin der Pferde« schienen sich prächtig zu amüsieren und zwitscherten einen nach dem anderen. Mir aber wurde irgendwann langweilig, weil ich nur Cola und Salzstangen bekam, und ich traute mich zu fragen, ob ich noch einmal rausgehen könne zu den Tieren. Aber natürlich, sagte Frau Sembach-Krone, drückte mir gleich noch eine Zirkusfreikarte in die Hand und mein Vater rief hellsichtig hinterher: »Aber steck nicht irgendwo deine Finger rein, verstanden!« »Natürlich nicht«, war meine schnelle Antwort.

Als ich über das Zirkusgelände schlenderte, war es schon früher Abend, ich glaube, im Mai oder Juni, und ich hörte das Spektakel in der Manege wie aus großer Ferne. Die Vorstellung, die ich bereits kannte, lief auf Hochtouren, die Peitschen knallten, die Hände klatschten und die Menschen johlten – aber alles gedämpft. Ich kam an einem halben Dutzend gut gefüllter Tiger- und Löwenwagen vorbei. Die Tiere dösten vor sich hin und beachteten mich kaum. Gleich nach der Pause, wusste ich, würde die Raubtiernummer beginnen.

Ich erkannte den kranken Tiger wieder, der genauso regungslos dalag wie all die anderen Raubkatzen, und ich fragte mich, ob er einer von denen war, die in der Manege immer das Maul aufrissen und fauchten, mit der Tatze nach der Peitsche schlugen und nur schwer zu bändigen schienen. Denn falls er einer von ihnen war, dann gehörte er zu den Lieblingen des Dompteurs – dann gehörte er zu den sicheren und nicht zu den gefährlichen Kandidaten. Mein Vater hatte es mir so erklärt: Alles war einstudiert wie bei einem Schaukampf, wie beim Wrestling. Nur die sichersten Tiere einer Raubtiernummer durften gezielt aus der Reihe tanzen, um gefährlich zu wirken, aber auf die Ruhigen, auf die Schleichenden, auf die, die jeden Augenkontakt vermieden, musste der Dompteur besonders achten, denn nur diese konnten ihm schlagartig die Rangfolge streitig machen. Alle fauchenden Tiger und brüllenden Löwen im Zirkus waren im Grunde Showhasen, die wahrscheinlich schon als Katzenbabys mit beim Dompteur im Bett geschlafen hatten.

Und noch etwas lernte ich von meinem Vater: Viel gefährlicher als alle Raubkatzennummern waren Bärennummern. Bären hatten nur wenig Mimik, so dass besonders viel Erfahrung nötig war, um richtig einschätzen zu können, wie sich so ein drollig wirkendes Tier tatsächlich fühlte: ob es zufrieden war oder ob es nicht doch eine mordsmäßige Saulaune hatte. Und dennoch wurden Bären (zumindest Braunbären) gewöhnlich ohne Gitter gezeigt, weil die Kinder sie liebten und die Idee des guten Bären in jedem Kinderzimmer allgegenwärtig war. Sie wirkten niedlich und tapsig, kugelten durch die Manege, fuhren ihre langen Zungen seitlich aus ihren Maulkörben heraus und schlapperten Limo oder schnappten nach Zuckerstücken. Manche von ihnen fuhren sogar Motorrad. Ihnen wurden Helme aufgesetzt, sie legten ihre Pranken auf die Lenkräder und knatterten los, dass alles in blauem Dunst verschwand und die Kinder zu husten anfingen. Manchmal sprangen noch zusätzlich Rhesusaffen auf den Sozius, fuhren mit im Kreis herum und man kam aus dem Staunen und Husten gar nicht mehr heraus.

Einiges davon ging mir durch den Kopf, als ich an den Tiger- und Löwenwagen vorbeilief und bei einem schlafenden Tiger stehen blieb, der besonders dicht am Gitter lag. Es war nicht der kranke Tiger, sondern ein größerer. »Aber steck nicht irgendwo deine Finger rein, verstanden!«, hörte ich meinen Vater wieder rufen. Ich hatte es gar nicht vorgehabt, aber gleichzeitig spürte ich einen allerersten Reiz, genau dies zu tun. Es wäre das erste Mal in meinem Leben, dass ich einen ausgewachsenen Tiger berührte und nicht nur ein Tigerbaby, dachte ich. Tigerbabys berühren konnte schließlich jeder.

Und trotzdem war ich noch lange nicht so weit, es wirklich zu tun. Es gab eine Geschichte in unserer Familie – eine meiner Lieblingsgeschichten –, die mir in diesem Moment einfiel. Eine Geschichte meiner Mutter. Sie hatte meinen Vater kurz vor meiner Geburt in irgendeinen russischen Zirkus begleitet, wo es ein Walross gab, das in einem Käfig lag. Das Walross hatte genau am Gitter gelegen und geschlafen, so wie jetzt der Tiger vor mir auch. Meine schwangere Mutter war näher herangegangen und hatte plötzlich den gewaltigen und unabschüttelbaren Wunsch verspürt, zu erfahren, wie sich ein Walross anfühlt. Mein Vater dagegen hatte diesen Wunsch noch nicht einmal erahnt. Plötzlich steckte mein Mutter ihre Hand durch das Gitter und niemand konnte es verhindern. Nur ganz kurz wollte sie das Walross berühren, nur ein einziges Mal, wie sie später immer wieder betonte. Aber was passierte? Auf einen Schlag warf sich das über tausend Kilo schwere Tier, das von meiner Mutter erschreckt worden war, komplett herum und seine Stoßzähne sausten durch das Gitter. Meine Mutter zog ihre Hand augenblicklich zurück und trotzdem hatte einer der Stoßzähne den Ärmel ihres Strickkleides durchbohrt. Nur wenige Millimeter und Millisekunden fehlten und das Zirkuswalross hätte meiner Mutter den Arm zertrümmert.

Auf meine über die Jahre hinweg immer wieder gestellte Frage, wie sich das Walross denn nun angefühlt habe, antwortete sie stets das Gleiche, als ob sie immer noch im Schockzustand wäre: »Ich weiß es nicht mehr, es ging alles so schnell, ich weiß es nicht mehr.« Stattdessen erinnerte sie sich sehr genau an den Fischgestank ihres Strickkleides nach der Attacke. Selbst nach der Reinigung stank es noch. Scheinbar hatte die Zeitspanne eines Lidschlags ausgereicht, um das Kleid für immer zu versauen.

Natürlich musste ich an diese Geschichte denken, als ich vorm Tigerkäfig stand, aber es war auch gut so, denn ich wollte es unbedingt geschickter anstellen als meine Mutter – ich wollte den Tiger, der mit dem Rücken zu mir lag, auf keinen Fall erschrecken. Ich drehte mich um, um sicherzugehen, dass mich keiner vom Zirkus beobachtete. Es musste noch vor der Pause geschehen, noch bevor die Massen zum Pinkeln herausströmten. Die Fensterchen des Zirkuswagens von Frau Sembach-Krone waren inzwischen hell beleuchtet und ich wusste, dass wir später nicht mit dem Auto, sondern mit der Straßenbahn nach Hause fahren würden, aber das war jetzt egal. Ich entschloss mich, den Tiger zunächst einmal zu wecken beziehungsweise anzusprechen. Natürlich in Tigersprache. Eine Sprache, die ich ein bisschen von meinem Vater gelernt hatte. Es ist eine Mischung aus Zisch- und Gurrlauten, würde ich sagen, die man vielleicht mit »Hffffffrrrrrrrr« übersetzen könnte. Ich ging näher an den Käfig heran und legte los. Und tatsächlich, der Tiger reagierte darauf. Er stand auf, drehte sich langsam herum und berührte mit seinem großen und wunderschönen Kopf die Gitter. Er schaute mir direkt in die Augen. Ich hoffte inständig, dass ich keine Zisch-und-Gurr-Beleidigungen ausgesprochen hatte, aber er schien nicht gereizt zu sein, er sah nur verwundert aus. In diesem Moment stand für mich fest, dass ich nicht wie meine Mutter in den Käfig hineingreifen würde, auf keinen Fall, aber berühren musste ich ihn – den Tiger!

Ich hob meinen rechten Arm und hielt den flachen Handteller in einigem Abstand vor das Gitter, dabei zischte und gurrte ich weiter. Der Tiger drückte seinen Kopf fester gegen die Gitterstäbe und seine rosafarbene Nase schob sich ein Stück zwischen zwei Stäben hindurch. Nur die Tigernase ragte ein wenig aus dem Käfig heraus, das ganze Maul aber passte nicht hindurch. Das entschied über mein weiteres Vorgehen. Ich hielt meine Hand noch etwas näher vor das Gitter und wartete ab, ob der Tiger vielleicht doch noch zuschnappen würde, was er nicht tat. Es schien sogar so, als ob er meine Hand gar nicht wahrnähme – er blickte mir noch immer in die Augen. Und plötzlich, ich weiß nicht, wie, lag meine Hand auf seiner feuchten Nase. Mich durchzuckte ein ungeheures Glücksgefühl. Ein Gefühl, das sich noch weiter steigerte, als der Tiger auf einmal seine Zunge herausfuhr und meine Hand zu lecken begann. Es war eine große raue Zunge, die mich ausgiebig, geradezu genüsslich, leckte. Als ob mich eine riesige Hauskatze putzen würde. Und das Verrückteste war, meine Finger begannen irgendwann mit dieser Zunge zu spielen. Alles an mir wurde mutiger. Ich berührte den felligen Nasenrücken des Tigers und bemerkte erst später, dass mein Arm schon ein ganzes Stück in den Käfig hineinragte. Trotzdem streichelte ich weiter und berührte den Tiger auch an der Stirn und an den Wangen. Ich war wie in Trance. Als ob er mich hypnotisiert hätte. Und auch jetzt noch, wo ich mich erinnere, bin ich wieder seltsam abwesend.

Die Geräusche im Zelt wurden lauter und ich wachte auf. Menschenmassen strömten die Holztreppen herunter und ich sah auch die Tür des Zirkuswagens aufgehen. Mein Vater verabschiedete sich von Frau Sembach-Krone und kam leicht wankend auf mich zu. Ich selbst verabschiedete mich von meinem Tiger, den ich später nie wiedersah. Oder genauer gesagt, den ich in den nächsten Jahren nicht mehr wiedererkannte. Ich versuchte es jedes Mal, gurrte und zischte bei jedem Besuch des »Zirkus Krone« in Leipzig, aber ich war mir nie sicher, ob es wirklich mein Tiger war, der vor mir im Käfig lag. Es musste ein traumähnlicher Zustand gewesen sein, in dem wir uns kennengelernt hatten, darin wurde ich immer wieder aufs Neue bestärkt.

Mein Vater und ich fuhren mit der Straßenbahn nach Hause und wir waren aus ganz unterschiedlichen Gründen in bester Stimmung. Mein Vater hatte Zirkusluft geschnuppert und Zirkusschnaps gezwitschert und ich selbst hatte mich mit einem ausgewachsenen Tiger, oder einer ausgewachsenen Tigerin, ausgezeichnet unterhalten. Ich war überglücklich. In der Fellhöhle angekommen, setzte ich mich auf unser Sibirisches Tigerfell, das auf dem Sofa lag, und flüsterte geheimniskrämerisch vor mich hin. Aber kein Wort zu meinem Vater. Er hat es nie erfahren, dass ich meine Finger nicht still halten konnte.

Erst vor wenigen Tagen, im allgemeinen Chaos eines Umzugs, bin ich in einer großen Holztruhe meines Kellers zufällig auf ein Papier gestoßen, das ein Puzzleteil enthält, das mir sehr lange gefehlt hat. Es handelt sich um ein Vortragsmanuskript meines Vaters, in dem er über seine Leipziger Zootierpatienten spricht, aber auch über gewisse drei Wochen, die er als junger Mann mit einem Zirkus mitreiste. Warum er das tat – mit einem Zirkus mitreiste –, war mir bisher immer ein Rätsel geblieben, und es gab niemanden mehr, den ich hätte fragen können. Aber jetzt kam die Antwort plötzlich aus dem Keller:

»Im Mai 1955 ging ich gegen Abend durch die Tierschau des VE Zirkus Busch, der gerade in Leipzig gastierte. Da sah ich im Elefantenzelt eine Trampeltierstute stehen, die mit sichtlich eingefallenen Beckenrändern und stark geschwollener, nasser Scheide trippelte und trippelte. Das alles waren Zeichen einer nahenden Geburt. Das glaubten auch die zuständigen Tierpfleger und der Stallmeister, mit denen ich mich unterhielt. Natürlich hatte ich noch kein Kamel gebären sehen, diese Gelegenheit musste ich beim Schopf packen. Der Stallmeister erlaubte mir als Studenten der Veterinärmedizin, im Stall zu bleiben. Das Trippeln beziehungsweise die Vorwehen wurden bis gegen 2 Uhr morgens immer stärker. Dann legte sich das Tier ruhig hin und käute wieder.

So ging es über 18 Tage lang! Und ich war die meiste Zeit dabei. Es war eine fixe Idee von mir geworden, die Geburt des Kamels auf keinen Fall zu verpassen. Ich reiste mit dem Zirkus und der Trampeltierstute mit, von Leipzig über Halle bis nach Magdeburg. Teils beobachtete ich das Tier rund um die Uhr, teils mit ein- bis zweitägiger Unterbrechung, da meine Semesterkollegen meinten: ›Wir haben volles Verständnis, aber vielleicht müsstest du auch mal wieder in Leipzig studieren.‹

Am Ende fohlte die Trampeltierstute genau außerhalb meiner Beobachtungszeit. Das war schade, aber auch nicht wirklich schlimm, ich hatte trotzdem viel gesehen und viel erlebt. Ich hatte die harte Arbeit hinter den Kulissen eines Zirkus kennengelernt, ich war bei nächtlichen Proben mit Raubkatzen dabei gewesen, hatte das Führen und Reiten der Elefanten vom Wilhelm-Leuschner-Platz zum Bahnhof mitverfolgt, die aufgehende Morgensonne durch die Schlitze der nicht ganz geschlossenen, mit Pferd und Mann besetzten, Güterwagen gesehen, hatte das monotone Rollen der Räder und das vereinzelte Schnauben der Tiere gehört und hatte vor allem auch gelernt, dass die Vorwehen einer Trampeltierstute durchaus einmal 18 Tage dauern können.«

Ursula Böttcher mit ihren Eisbären, 1983.

86 _ Ursula Böttcher mit ihren Eisbären, 1983
87 _ Briefmarkenserie: »Zirkuskunst in der DDR«, 1978

88

89

Inszenierung eines Löwen als „König der Tiere"; es handelt sich um eine Dressurnummer des Dompteurs Julius Seeth.

Der Rad fahrende Elefant
Bijoya im Circus Krone.

88 _ Frau Dr. Elze mit Sibirischem Tigerbaby im Zoo Leipzig
89 _ »König der Tiere«, Dressurnummer von Julius Seeth
90 _ Der Rad fahrende Elefant »Bijoya« im Zirkus Krone
91 _ Dr. Karl Elze mit Elefantengruppe im Zoo Leipzig

Zoo
von Udo Grashoff

noch schlafen sie nicht
sie kommen ganz langsam
aus ihrer Apathie
an den Rand der Betonfestung
wo wir uns nebeneinander gehockt haben
jenseits des Jauchegrabens
unter das Mondlicht
um sie zu sehen
weiße Wölfe, einer kommt nach dem anderen vor
an die Kante, bleibt stehen
du ziehst deine Hand aus meiner Hand
sie blicken dich an

(aus: *Schiefe Menhire*. Gedichte. Verlagshaus Berlin, 2015)

Weiße Wölfe

Udo Grashoffs Gedicht tritt langsam und leise, Zeile für Zeile, immer näher an uns heran, genau wie die weißen Wölfe darin, die bis an den Rand der Betonfestung kommen. Und schließlich blickt es uns an, dieses Gedicht, mitsamt seinen Wölfen, blickt uns tief in die Augen, und auch ins Herz, dass wir darüber sanft erschrecken müssen. Genauso erschrecken müssen wie die Personen innerhalb des Gedichts. Doch worüber erschrecken wir eigentlich? Warum können wir uns plötzlich vorstellen, dass auch wir beim Anblick dieser weißen Wölfe unsere Hand aus der Hand eines geliebten Menschen ziehen? Was hat das alles zu bedeuten? Welche inneren Kräfte wirken hier?

Fast erweckt das Gedicht den Anschein, nur erzählen zu wollen, und doch führt es uns am Ende zu einem Geheimnis, das wir nicht so einfach durchschauen können. Genau das ist die Stärke dieses Gedichts. Nachvollziehen und nachfühlen können wir es von Anfang an, aber uns selbst verstehen in diesem geglückten Nachvollziehen, das können wir noch lange nicht. Also erneut die Frage: Worüber erschrecken wir eigentlich?

Ein langsames Herantasten oder ein etwas längerer Anlauf scheint sinnvoll. Vielleicht versuchen wir, die Ausgangssituation des Gedichts einmal ganz konkret zu denken, in etwa so: Wir sitzen zusammen mit einem Menschen, dem wir gerne unsere Hand anvertrauen, in einem Zoologischen Garten vor einem Gehege, einer Betonfestung mit weißen Wölfen. Als Leipziger habe ich sofort den alten grauen, regengestreiften Betonfelsen mit seinem grünen Wassergraben vor Augen, der jahrzehntelang als schaurige Wolfsbühne existierte. Ich denke, auch Udo Grashoff, der in Leipzig lebt, kennt diesen Ort sehr genau. Und trotzdem hat das alles noch nicht viel zu bedeuten und bringt uns dem Geheimnis des Gedichts nicht näher. Deshalb weiter: Es gibt ein Paar in diesen Zeilen, und dieses Paar hat anscheinend die Dunkelheit abgepasst. Es sitzt unterm Mondlicht, was nicht ganz einfach ist in einem Zoo, der normalerweise schon 18 Uhr geschlossen wird – man muss sich womöglich verstecken und einschließen lassen. Eine andere Erklärung: Ein später Winternachmittag füllt dieses Gedicht aus und der Mond ist bereits aufgegangen. Wie auch immer:

Diese beiden haben sich nebeneinandergehockt – sie halten sich an den Händen und beobachten gemeinsam ein Rudel weißer Wölfe. Sie betrachten sie im Mondlicht, betrachten ihre wunderschönen, schneeweißen Felle in dieser grauen Betonfestung, die an Eintönigkeit kaum zu übertreffen ist. Die Wölfe schlafen noch nicht und kommen ganz langsam aus ihrer Apathie, wie es im Text heißt – treten einer nach dem anderen an den Rand des Jauchegrabens und blicken sie an. Blicken uns an! Aber was genau blickt uns da an? Sind es unsere gefangenen Brüder und Schwestern, die sich plötzlich zu erkennen geben und uns sogar die Geliebte oder den Geliebten vergessen lassen? Oder ist es ein noch unheimlicherer Spiegel, der uns für Sekunden vorgehalten wird, in der Art, dass wir uns selbst erkennen in diesen hellen wölfischen Augen? Erkennen wir plötzlich unsere Gefangenschaft auch jenseits dieses Jauchegrabens, in diesem Gehege, das größer ist und Welt heißt? Erschrecken wir vielleicht gar nicht so sanft wie am Anfang gedacht, sondern maßlos darüber, dass wir alle Gefangene sind in unseren Körpern und Köpfen und unsere Befreiung immer auch Tod heißt? Blickt uns auf unbestimmte Weise unser Tod an, den wir so fürchten? Müssen wir deshalb unsere Hand aus der Hand des Geliebten ziehen, weil wir plötzlich nicht mehr getröstet werden können in diesem ungeheuerlichen, mondlichtigen und wolfäugigen Angriff von Einsamkeit und Verlassenheit? Oder ist alles ganz anders? Ist es gar kein Erschrecken, das uns widerfährt? Ist es vielmehr eine große, fast übernatürliche Verlockung, der wir gegenüberstehen? Und wenn ja, was lockt uns da, dass wir die Hand aus der Hand des Geliebten ziehen?

92

92 _ Karl Elze mit seiner Hündin »Ali« in Hauptmannsgrün,
um 1950

93 _ Sandy Elze, 2014

Hund

Ein Hund ist immer ein Wunder. Eine Liebesmaschine. Und ist ein Hund auch keine echte Maschine, so verhält er sich doch ganz ebenbürtig, was die Zuverlässigkeit seiner Funktionen betrifft. So können wir vereinfacht von einer Maschine sprechen, die den Menschen liebt und den Menschen die Liebe lehrt. Auch wenn der Mensch nicht sehr gelehrig ist, so wäre er doch verloren ohne die Lehre der Hunde. Diese Lehre ist noch reiner als die der Menschenkinder, und was das heißt, ist gewaltig.

Menschenkinder lieben ihre Eltern im Grunde ein Leben lang, auch wenn sie hasserfüllt blickend das Gegenteil behaupten. Einige von ihnen, viel zu viele, werden geschlagen, misshandelt, missbraucht, unvorstellbar verletzt. Aber selbst dann noch lieben diese Kinder ihre verachtenswerten Eltern weiter, wenn auch auf unbestimmte, unbewusste Weise. Als schleppten sie zeitlebens eine unauslöschbare Dankbarkeit mit sich herum, dass ihnen das Leben geschenkt wurde. Nur die wenigsten von ihnen beginnen das Leben zu hassen, und erst ab diesem Moment können sie auch ihre Eltern mit Leib und Seele hassen. Diese wenigen aber entfernen sich vom Wesen des Hundes am weitesten.

Man muss bedenken, ein Hund wird weder von Menschen gezeugt noch von Menschen geboren und kann ihnen demzufolge nie grundsätzlich dankbar sein für seine Existenz. Diese verdankt jeder Hund anderen Hunden, genauer gesagt Hundeeltern, mehr noch Hündinnen. Und dennoch beobachten wir, der Hund bringt dem Menschen eine Art existenzielle Dankbarkeit entgegen, was wirklich bemerkenswert ist. Wie schon gesagt, ein Mensch hat nichts mit dem Beginn eines Hundelebens zu tun. Die tiefe, unerlösbare Liebe eines Hundes zu einem Menschen kommt einem gewaltigen Irrtum gleich, und damit einem Wunder.

Wir müssen uns auf der Stelle fragen: Wollen und dürfen wir überhaupt noch von einem Hund als einer Liebesmaschine sprechen? Dieser Begriff wird diesem Wunder nicht im Geringsten gerecht. Welche Maschine, bitte schön, kann uns von ganzem Herzen lieben, selbst wenn wir ein unvorstellbares Vermögen in sie hineinwerfen und alle Knöpfe drücken und alle Hebel ziehen? Keine, nicht eine!

Bedenken wir nur immer wieder, was wir dem Hund verdanken! Er macht uns besser. Wir sind nicht von Grund auf schlecht, aber auf gar keinen Fall sind wir von Grund auf gut genug, als dass wir den Hund verdienten. Und dennoch ist er uns geschenkt worden! Wir dürfen von einem Hund lernen. Erst recht, wenn wir ihn schlecht behandeln. Sobald wir ihn über die Maßen schlecht behandeln, lernen wir noch viel mehr. Denn was passiert? Er zeigt uns noch immer seine Liebe. Zeigt sie uns zu unserer großen Beschämung noch deutlicher. Und dann, ganz wundersam, mitten in unserer größten Beschämung, erkennen wir es wieder: unser Herz, das verschüttet war. Unser Hund hat es für uns ausgebuddelt wie einen alten Knochen, an dem noch Fleisch hängt. Und in großer Klarheit sehen wir: Auch wir sind eintausendmal reicher, wenn wir beschämt sind. Das ist das Wunder des Hundes. Er beschämt uns mit seiner Liebe wie Jesus, den wir ans Kreuz genagelt haben und der sich zu unserer großen Erleichterung wieder als Hund herunternehmen lässt. Er folgt uns nach Hause, in unsere einsamen Wohnungen, hockt sich neben unsere einsamen Körper, die wir immer deutlicher als Gefängnisse begreifen, je älter wir werden. Da sitzen sie ja, unsere Hunde, überhaupt nicht mehr wie Maschinen, sondern ganz wie unsere persönlichen Jesusse oder Engel oder Himmelskinder mit aufgestellten Ohren, und lecken die Hand, die sie geschlagen hat, küssen die herabhängende Schlaghand, die zittert und voller Scham ist, weil der ganze Mensch, der neben seinem Hund auf dem Küchenstuhl sitzt, voller Scham ist. Eine Scham, die sich im ganzen Körper verteilt und noch in die letzte Enge der Hand fließt, in die Fingerspitzen, die jetzt das Fell berühren, sanft – wie erlöst.

(aus: *Aufzeichnungen eines albernen Menschen*. Erzählungen. Verlagshaus Berlin, 2014)

Nachwort

von Helmut Höge

Carl-Christian Elze ist im Leipziger Zoo groß geworden und veröffentlicht nun einige seiner »Zoogeschichten«, die kapitelweise im Leipziger Stadtmagazin »kreuzer« vorabgedruckt wurden, dazu noch drei weitere Texte. Sein Vater war Zoo- und Zirkustierarzt in Leipzig. Manchmal brachte er ein kleines Tier mit nach Hause. An den Wänden in ihrer Wohnung hingen Felle verstorbener Zootiere, einige waren auch ausgestopft. Mich erstaunte beim Lesen, wie unsentimental oder unschuldig der Autor von den Lebenden wie von den Toten und ihren konservierten Resten spricht.

Vor einiger Zeit besuchten wir zusammen mit einem Berliner Schriftsteller und einem pensionierten Pfleger aus dem Cottbusser Tierpark ein »Elefantendorf« in Mecklenburg. Ein sympathisch unaufgeregter Zirkus – im Stillstand quasi. Ein Tieraltersheim. Der pensionierte Tierpfleger hatte bereits zwei Bücher über seine Arbeit und einige Tiere im Zoo veröffentlicht. Es gibt nicht viele Tierpfleger, die Berichte hinterlassen, sie scheinen in den letzten 100 Jahren sogar immer weniger geworden zu sein. Auch bei den Pflanzenpflegern in den Botanischen Gärten gehen die Publikationen seit der Zeit etwa gegen null. Die Biologie mit ihrer Ausrichtung auf Gene, Enzyme, Hormone und deren Profitabilisierung ist nichts mehr für die Handarbeiter in diesem Bereich. Auf der anderen Seite gibt es kaum einen Zoodirektor, der keine Bücher veröffentlicht hat.

Carl-Christian Elze studierte zunächst vier Semester Medizin in Leipzig, dann packte ihn die Zoologie. Ein Studium der Biologie und Germanistik folgte, dazu ein längeres Praktikum im Berliner Zoo, das für ihn sehr wichtig war. Er archivierte dort eine umfangreiche Schädelsammlung für die Zooschule, wie er mir erzählte: »Was der Sache dort einen besonderen Reiz gab, war auch der Umstand, dass viele Schädel noch gar nicht bestimmt waren. Ich durfte mich damals exzessiv mit klassischer Systematik beschäftigen. Und wenn ich von Zeit zu Zeit mit meinen Bestimmungsbüchern nicht bis zum Artnamen vordringen konnte, packte ich einfach meine ›Problemknochen‹ zusammen und fuhr zum Naturkundemuseum. Dort gibt es abseits des Museumsbetriebs riesige Sammlungen von Knochen, Federn, Fellen und Stopfpräparaten. Ich erinnere mich an Säle, angefüllt mit Schränken, die bis zur Decke reichen, vielleicht 10 m hoch. Man stieg mit seinem ›unbestimmbaren Schädel‹ die Leiter hinauf, zog da und dort Schubladen auf, nahm bereits bestimmte Schädel heraus und verglich sie bis ins kleinste Detail mit dem, den man mitgebracht hatte. Alles lief darauf hinaus, endlich den vollständigen Namen zu erfahren, das Ding endlich bei seinem ganzen Namen nennen zu können.«

Wenig später entschied er sich jedoch, als freier Schriftsteller zu leben, und wechselte an das Leipziger Literaturinstitut. Nun ist er verheiratet, hat zwei Kinder, einen Hund (aus Rumänien) und bekam bereits mehrere Preise und Literaturstipendien, unter anderem war er 2013 der erste Dresdner »Poet in Residence«, daneben hat er die Literaturzeitschrift »plumbum« mitgegründet. Das ist auch schon fast alles, was ich von ihm weiß. Und dass er (im Gegensatz zu mir) kein Tierbuchautor ist, wie er meinte, auch wenn in seinen Gedichten und Erzählungen oft ein Tier auftaucht. Ein Rezensent schrieb über ihn: »Er liebt Tiere und räumt ihnen gerne einen Platz ein in seinen Geschichten, gleich in der ersten tritt ein Hund auf…« Und eines seiner Gedichte heißt »alles hab ich von hunden gelernt«. In einem Interview meinte er: »Mit meinen Erfahrungen als Hundebesitzer kann ich sagen: Ein Hund lebt unbewusst eher die Bergpredigt als wir Menschen. Hunde bringen ›ihren‹ Menschen eine so große und unbedingte Liebe entgegen, wie es sie sonst in dieser Beständigkeit nicht noch einmal gibt…«

Zu Elzes Lieblingsdichtern gehörte »so bis Mitte 20, dann nicht mehr« Gottfried Benn, der es als Arzt auch mit der Biologie hatte. Im harten Winter 1947 schrieb Benn – durchaus antidarwinistisch: »Das Leben, das legen sie sich so aus: ›Die Eierstöcke sind die größten Philosophen‹.« Als er mit seiner Frau 1941 den Westberliner Zoo besuchte, gab ihm ein Puma zu denken. Seinem Freund, dem Bremer Kaufmann Friedrich Wilhelm Oelze, schrieb Benn: »Der Puma lag regungslos auf einen Ast gestreckt, monoman, mit grünen Augen. Ich war tief beeindruckt vom Tier, dem Verhafteten, ungeheuer Unterworfenen aller seiner Wendungen und Bewegungen, seinen schauerlichen Wiederholungszwängen im Traben, Schaben, Wetzen, Heulen, dieser ganzen Neuronen- und Reflexspannung von geradezu fühlbarem

Charakter, die nur die Entladung in die Muskulatur kennt. Offenbar die älteste Vorform des Bewußtseins –, noch ohne jeden Ausweg in die Trennung vom Objekt, die wir dann brauchen … Ja, der Mensch erlöste den Gott, aber dieser Prozeß wird nicht zu Ende sein und etwas anderes wird ihn von uns erlösen, denn sicher sind auch wir eine schauerliche Qual und bedrücken die Erde tief.« In seiner Misanthropozän-Weltsicht gibt es keinen Ausweg mehr: »Ich sagte, ich liebe den Puma, aber, füge ich hinzu, ich glaube nicht, daß er für uns noch einmal gesetzlich wird.«

Dunkle Worte. Da ist Carl-Christian Elze doch anders drauf, ich sehe bei ihm jedenfalls keinen Pessimismus. Zu meiner Überraschung las ich in einer seiner letzten Zoogeschichten, dass er bis heute jeden Zirkus besucht, nun mit seinen Kindern, und dass er im Sommer 2001, nach dem Tod seines Vaters, mit einem Freund durch ganz Deutschland reiste, um sich alle kleinen und großen Zoos anzuschauen. »Wir wollten sehen«, schreibt er, »was uns besonders gut gefällt, um später selbst einen Zoo zu gründen. Dieser Plan kam uns damals absolut realistisch vor und beanspruchte fast jede Minute unseres Denkens.« Ich war davon ausgegangen, dass sich mit Beginn von Elzes Schriftstellerei die Beschäftigung mit Tieren auf das Zusammenleben mit seinem Hund reduziert hatte, er deutete so etwas an. Kürzlich erfuhr ich jedoch Genaueres: »Erst mit Ende 20 hab ich mich ganz auf die Schriftstellerei konzentriert, als sich die Zoopläne zerschlugen. Der ursprüngliche Plan war, ›schreibender Zoodirektor‹ zu werden. Die Beschäftigung mit Biologie und Medizin ist aber geblieben.« Seit 2004 ist er noch Lehrkraft an der Leipziger Henriette-Goldschmidt-Schule für die Fächer Humanbiologie/Medizin, Allgemeine Krankheitslehre und Hygiene/Mikrobiologie. 2012/13 war er außerdem Honorarlehrkraft an der Dresdner Bildungsakademie in den Fächern BAP (Biologie/Anatomie/Physiologie) für Ergotherapeuten und Pathophysiologie für Medizinisch-technische Assistenten.

Der französische Zoosystemiker Louis Bec hat die Biologie einmal definiert als den Versuch, transversale Beziehungen zu anderen Arten aufzunehmen. Solch eine »Biologie« kann man natürlich auch mit seinem Hund betreiben und muss man wahrscheinlich sogar. Jean-Luc Godard hat darüber 2016 einen Film gedreht: »Abschied von der Sprache«. Mit einer »transversalen Beziehung« ist wohl eine

Art »Querbeziehung« gemeint. Die gilt für einen Zoodirektor logischerweise nicht, wobei jedoch viele in ihren Memoiren eher klagen, dass sie als Chef so gut wie gar nichts mehr mit den Tieren zu tun hatten. Sie konnten höchstens Beziehungen zu Tieren bei ihren Mitarbeitern zulassen oder verhindern. Im Zürcher Zoo haben Direktor wie Tierpfleger darüber berichtet. Es gibt zudem einen launigen 1.000-Seiten-Roman des Schriftstellers Martin Kluger. Er handelt von den Ränken und Leiden des Personals des Westberliner Zoos, vor allem des Direktors, seiner wissenschaftlichen Assistentin, seines Pressesprechers, sieben Tierpflegern und einigen weiteren Zooaffinen – unter dem Titel: »Abwesende Tiere« (2002). Der Zoodirektor hatte laut Martin Kluger ein besonderes Verhältnis zu seinen Pförtnern: »Auf sie konnte er sich verlassen. Weniger auf die Besucher, von denen die meisten, ob sie es wussten oder nicht, die geborenen Tierquäler waren, Frauen und Kinder voran.« Gleichzeitig spendeten die Frauen aber auch die größten Geldsummen für den Zoo und mussten deswegen pfleglich behandelt werden. Besonders schlimm war es dort während der Pfingstkonzerte, wenn sich »an die 300.000 Besucher durch den Garten wälzten, die Blumen platt trampelten und die Tiere steinigten, die zu diesem Anlass extra sediert werden mussten…«

Als Zoodirektor hat man es vor allem mit Menschen zu tun, von denen die meisten einem Probleme bereiten – wozu man auch noch eine halbwegs gute Miene machen muss. Dem berühmten Frankfurter Zoodirektor Bernhard Grzimek gelang es, sein Wirken unter Menschen und Tieren zu trennen. Er schrieb mindestens 30 Bücher über Tiere, darunter über viele afrikanische, deren Lebensraum er mit finanziellen und politischen Mitteln erhalten wollte – was ihm auch gelang; daneben schrieb er aber auch ein Buch mit dem Titel »Auf den Mensch gekommen: Erfahrungen mit Leuten«.

Manche Zoologen sagen, dass alle guten Zoologen mit Tieren aufwuchsen. Aber nicht alle sind auch gute Schriftsteller geworden. Es ist interessant, dass sich die Gespräche in so manchen Familien hauptsächlich um ihre Tiere drehen, so war es auch bei uns zu Hause. In jungen Jahren arbeitete ich eine Weile als Tierpfleger in einem Zoo: Dort wurde jedoch nicht viel über die Tiere geredet, als Faustregel galt dort und vielleicht auch in anderen Westzoos: Je mehr und besser sich einer um »seine« Tiere kümmerte, desto weniger wollte oder konnte er etwas mit Menschen anfangen. Gute Tierpfleger waren mehr oder weniger Menschenverächter, mindestens große Schweiger. Dies ist vielleicht auch ein Grund, warum es so wenig Zoogeschichten von Tierpflegern gibt. Andererseits weiß ich vom ehemaligen Elefantenpfleger im Tierpark Friedrichsfelde, von wo aus die Tierpflegerausbildung erstmals wissenschaftlich organisiert wurde: »Wir saßen nach Feierabend immer noch im Tierparklokal zusammen. Da wurden dann am Biertisch auch alle Probleme angesprochen, die sich um die Elefanten drehten. Wir haben die Elefanten nur beim Namen genannt, weil, es ging immer um ein konkretes Problem mit einem konkreten Tier, oder wie die Herdenstruktur gerade ist, was vorgefallen ist am Tag oder in der letzten Zeit, was zu erwarten ist, wie wir die Gruppe positionieren können im Stall oder auf der Außenanlage, wer mit wem zusammenkommt und so weiter«. Die dabei verwendeten Begriffe der Tierpfleger stammen großteils aus dem Repertoire menschlichen Verhaltens, sie gelten zwar in der Tierforschung als unwissenschaftlich, aber, wie die Philosophin Mary Midgley zu bedenken gibt, »würden sie sich nicht an diesen alltäglichen Gefühlen orientieren – würden sie nicht beachten, dass ihr Elefant glücklich, verärgert, ängstlich, aufgeregt, müde, gereizt, neugierig oder wütend ist, sie würden nicht nur ihre Arbeit verlieren, sie wären sehr bald tot.«

Carl-Christian Elze erzählt vor allem von Tieren, die er als Kind und Jugendlicher kennenlernte, und da nimmt man sowieso fast jedes Tier als »Person« wahr. Für den Tierfreund und den schriftstellerisch verhinderten Zoodirektor, der alle deutschen Zoos kennt, böte sich vielleicht eine Perspektive als Zoosystemiker an. Der oben erwähnte Louis Bec hat dazu ein »Handbuch des kleinen Zoosystemikers« verfasst, aus dem ich einige Paragraphen zitieren möchte: »1.6 Jeder Zoosystemiker hat, wie allgemein bekannt, geheime, zoologische Systeme zu entdecken und zu erforschen. 1.8 Zoosystemiker zu sein und es auch bleiben zu wollen, bedeutet also, daß man bereit sein muß, sein ganzes Leben umzuformen. Vom Phantasieleben erzeugte unterschwellige Zoologien lassen explikative mit implikativen Teilfragmenten der Forschung überschneiden. 1.9 Das setzt voraus, daß der auserkorene Gestalter über die nötigen Fähigkeiten verfügt, Zoosysteme und Morphogenesen auf der Basis von handwerklichen, phantasiebegabten, symbolischen, logischen, phantasmatischen, rationalen und methodologischen Aktivitäten aufzubauen. 1.10 Überdies muß alles unternommen werden, um in den Augen der Mitmenschen das Erscheinungsbild eines durchschnittlichen und vernunftbegabten Menschen aufrechtzuerhalten. 2.1 Jeder Zoosystemiker, der auf sich hält, sollte – ohne viel Aufhebens – in Form einer fabulierenden Erkenntnislehre auf eine fiktive Zoosystemik hinwirken. 4.2 Er muß stillschweigend und gelassen hinnehmen, von den Wächtern über die ›Eigenarten‹, den großen Vertretern des Wissens, den bedingungslosen Anhängern des Mythos vom Kunstschaffenden mit dem abgeschnittenen Ohr, von den sehr ehrenwerten Kunstkritikern und sogar von den Medizinstudenten im vierten Semester ausgebuht zu werden. 5.6 Er sollte mit der Fähigkeit begabt sein, Expeditionen in die vagen und konturlosen Zwischenreiche einer atopischen Zoogeographie vorzubereiten. 10.1 Das Paradigma der Tierhaftigkeit des Lebendigen ist das bevorzugte Interventionsgebiet des fortgeschrittenen Zoosystemikers. 10.2 Er muß der inneren Überzeugung sein, daß in der Wiedergabe des Lebendigen die Ganzheit in gedrängter Form dargestellt wird. Das Verhältnis des Menschen zum Tier ist im Verlauf seiner Geschichte nichts anderes als eine Gestaltung, eine dramatische Simulierung der Nichtübertragbarkeit. 10.5 Er muß sich ständig vergegenwärtigen, daß das Paradigma der Tierhaftigkeit insgesamt viel besser durch eine plurale Semantik bezeichnet oder dargestellt wird als durch die wissenschaftlichen Bestandteile einer objektiven Zoologie.« (Sorgues, 1985)

Wie das praktisch aussehen könnte, hat Bec in seinem Buch über eine kleine Tiefseekrake »Vampyrotheutis infernalis« gezeigt, das er 1993 zusammen mit dem brasilianischen Philosophen Vilém Flusser veröffentlichte: »Sie haben vorsichtigerweise die biologischen Möglichkeiten überprüft, bevor sie sich die Frage nach der Weltanschauung eines von uns grundsätzlich verschiedenen Lebewesens gestellt haben. Sie haben zudem ein Wesen ausgewählt, bei dem es nicht ausgeschlossen ist, daß es über das verfügt, was unsere Philosophen die Fähigkeit zur Weltanschauung nennen, denn sein tierisches Volumen und jener Teil, der die neuronischen Verknüpfungen beinhaltet, ist groß genug«, schrieb der Philosoph Abraham Moles in einer Rezension des Krakenbuches von Bec und Flusser, dem er eine Arbeit des Umweltforschers Jakob von Uexküll gegenüberstellte: »Uexküll stellt in seinem berühmten Text die Frage nach der Weltanschauung der Zecke. Mit Hundeblut vollgesogen und auf dem Hundeohr sitzend, durchläuft sie mit dem Hund das, was wir das Universum nennen (oder zumindestens einen kleinen Teil davon). Uexküll klammert dabei aus, ob der Begriff ›Weltanschauung‹, der ja menschlichem Vokabular entstammt, für Zecken überhaupt einen Sinn hat. Außerdem setzt er voraus, dass die Komplexität des Nervensystems der Zecke vereinbar ist mit der hohen Abstraktion und dem konnotativen Reichtum des Begriffs ›Welt‹.«

Anders gesagt: Man kann die »Weltanschauung« – z. B. von Meerschweinchen, zu denen Carl-Christian Elze einst ein inniges Verhältnis unterhielt, oder auch von einem rumänischen Hund, den er jetzt hat – durchaus ergründen. Man kann sie aber auch – z. B. bei einer Zecke – einfach unhinterfragt voraussetzen. Oder, wie Gottfried Benn beim Puma, als nicht vorhanden ansehen – wenn auch mit leiser Sehnsucht nach dessen noch nicht vollzogener Trennung zwischen Subjekt und Objekt, hinter die inzwischen auch viele (optimistische) Wissenssoziologen wieder zurückwollen – d. h. vor die Moderne. Wir sind sowieso nie modern gewesen und hätten nie richtig getrennt, sagen sie.

Beim Lesen seiner Zoogeschichten habe ich mich gefragt, was denn der Autor für eine »Weltanschauung« hat, d. h. was für eine eventuell in seinen Texten, die doch auch so etwas wie autobiografische Fragmente seiner Kindheit und Jugend sind, durchscheint. Für Nietzsche war z. B. der »Darwinismus« eine Weltanschauung, eine »kapitalistische«, wie Marx hinzufügte. Die Heidelberger Genetikerin und Nobelpreisträgerin Christiane Nüsslein-Vollhard kann noch heute behaupten, »dass die Natur in gewisser Weise kapitalistisch funktioniert«.

Carl-Christian Elze hat eine ökologische Weltanschauung, genauer gesagt (mit einem Schlagwort von Timothy Morton): Er betreibt eine »Ökologie ohne Natur«, eine, die im Laufe der Zeit nicht mehr groß zwischen den Menschen und den Tieren (sowie den Pflanzen?) unterscheiden mag. Vielleicht wünsche ich mir das auch nur. Ich sehe sie aber schon bei seinem Vater am Werk. Er wuchs in einem vogtländischen Dorf mit vielen Nutztieren auf, irgendwann hatten er und seine Brüder »begriffen, dass wir uns die Bedeutungen noch der kleinsten Reaktionen der Tiere wie Vokabeln zu merken hatten. Je größer das ›Vokabularium‹ war, umso besser konnte man sich verstehen.« Und dieses »Verfahren« hat er dann als Tierarzt weiterentwickelt.

Hier ein paar Beispiele von seinem Sohn: An der Wand seines Kinderzimmers hing ein Zebrafell, dazu erklärt er: »Von dem Fohlen ›Christian‹, das nach mir benannt worden war: ein Grevyzebrakind, dem ich mein Herz geschenkt hatte und das später an einer schweren Durchfallerkrankung gestorben war.«

Als 10-Jähriger erzählte er seinem Vater, was er mit ihm nach seinem Tod machen würde: Er wolle ihn ausstopfen, »um ihn in der Wohnung aufzustellen. Es war eine Liebeserklärung und er verstand es sofort und lächelte.« Sie sprachen dann über einige Details dabei. Sein Vater wurde später ganz normal auf dem Leipziger Südfriedhof beerdigt, aber sein Sohn »legte anstelle von ihm das Fell von Oda [der einstigen Lieblingslöwin des Vaters] in den Flur« seiner neuen Wohnung.

Der Vater hatte auch eine Lieblingselefantenkuh: »Rhani«, der er einmal bei einer Vergiftung das Leben gerettet hatte: »Wir konnten mit ihr im Grunde alles anstellen, was wir wollten, solange nur mein Vater, der Rhani-Retter, danebenstand.« Wenn Carl-Christian auf ihr reiten wollte, blickte Rhani den »Vater gutmütig an, hob auf einen leisen Befehl hin ihr Vorderbein« und er konnte draufsteigen. Er hielt sich dann an ihrem Ohr fest, und sie winkelte ihr Bein so weit sie konnte an, so dass er wie mit einem »Treppenlift« langsam nach oben glitt. In seinem Elternhaus hing nebenbei bemerkt über der Wohnzimmertür ein Elefantenohr an der Wand, es stammte jedoch nicht von der Inderin Rhani, sondern von einem afrikanischen Elefanten.

Über die Beziehung zur Löwin »Oda« und zu einer Amurtigerin namens »Kerula« hat Professor Karl Elze selbst einen Bericht veröffentlicht, den »sein« Zoodirektor Siegfried Seifert 1988 in den Sammelband »Mit dem Tier auf Du und Du« aufnam. Der Sohn hat diesem Bericht ein ganzes Kapitel gewidmet, sein Vater schildert darin, wie man sich als Arzt mit einer Tigerin ins Benehmen setzt, die zwar eine herzensgute Mutter ist, aber eine »labile Verdauung« hat, weswegen er »ständig in engstem Kontakt« mit ihr stehen musste, woraus sich mit der Zeit eine stabile »Freundschaft« ergab.

Bei den Flusspferden kann Carl-Christian Elze sich noch heute an das »coole Geräusch« erinnern, das es machte, wenn er sie mit Äpfeln fütterte, die im »klaffenden Schleimhautteppich« ihres Mauls landeten. Dieses Geräusch bildet er sich nicht ein: »An dieser Erinnerung gibt es nichts mehr zu rütteln.«

Carl-Christian Elze bezeichnet sich an einer Stelle als »tier- und zooverrückt«, sehr schön wird das an gleich zwei Geschichten über seine »naturfarbenen« Meerschweinchen deutlich, die er eins nach dem anderen mit seinem Vater vor dem Verfüttert-Werden im Zoo, z. B. an Schlangen und Krokodile, aber auch an Löwen und Tiger, rettete. Mit den Meerschweinchen, namentlich mit »Lissi 1, 2, 3 und 4«, begann wohl diese »Prägung«, die ihn von seiner »flugzeugverrückten« Kindheit abbrachte. Er schrieb ein Drehbuch für einen Kurzfilm über eine »Meerschweinchengeburt«, das hier abgedruckt ist. In einem Kapitel erzählt er eine seltsame Geschichte, die er mit dem berühmten Direktor des Tierparks von Ostberlin, Professor Dathe, erlebte. Dathe und sein Ostberliner Tierpark standen in Konkurrenz zum Westberliner Zoo und seinem Direktor Professor Klös, der nach der Wende nicht ganz unbeteiligt an der Vereinnahmung des Tierparks und der Entlassung Dathes gewesen sein soll, wie Carl-Christian Elze nahelegt. Dathe schrieb seine Doktorarbeit in Zoologie 1935 »Über den Bau des männlichen Kopulationsorgans beim Meerschweinchen« und das erste Tier in »seinem« neuen Tierpark in Friedrichsfelde 1955 war dann auch ein Meerschweinchen – mit Namen »Hansi«. Während Klös seine Doktorarbeit als Veterinär 1953 über die Gebärorgane der weiblichen Meerschweinchen schrieb. Auch da steckt eine ganze Weltanschauung hinter.

Die Leipziger Biologin Carmen Rohrbach hat 2000 ihr Missfallen daran geschildert. Als Verhaltensforscherin am Max-Planck-Institut für Verhaltensphysiologie sollte sie ein Jahr lang das Verhalten von Meerechsen auf einer der Galapagosinseln erforschen. Am Ende war sie sich sicher: »In meinem Beruf als Biologin werde ich nicht weiterarbeiten. Zu deutlich ist mir meine fragwürdige Rolle geworden, die ich als Wissenschaftlerin gespielt habe.« Sie erlebte zwar ein wunderbares Forschungsjahr auf »ihrer« kleinen unbewohnten Insel, »doch ich habe es auf Kosten der Meerechsen getan, gerade dieser Tiere, die die Friedfertigkeit und das zeitlos paradiesische Leben am vollkommensten verkörpern. Ausgerechnet diese Tiere musste ich mit meinen Fang- und Messaktionen verstören und belästigen. Da ich nun einmal diese vielen Daten gesammelt habe, werde ich sie auch auswerten. Diese Arbeit wird zugleich der Abschluss meiner Tätigkeit als Biologin sein, denn ich kann nicht länger etwas tun, dessen Sinn und Nutzen ich nicht sehe. Und erst recht könnte ich es nicht mehr verantworten, Tiere in Gefangenschaft zu halten und womöglich sogar mit ihnen zu experimentieren… Ich werde nach Deutschland zurückkehren und versuchen, eine Aufgabe zu finden, die mir sinnvoll erscheint.« Sie wurde dann Reiseschriftstellerin.

Kleine Literaturliste

Dathe, Heinrich und Dathe, Elisabeth: *Bäreneltern wider Willen.*
A. Ziemsen Verlag, Lutherstadt Wittenberg 1967.

Elze, Carl-Christian: *Aufzeichnungen eines albernen Menschen.* Erzählungen.
Verlagshaus Berlin, Berlin 2014.

Grashoff, Udo: *Schiefe Menhire.* Gedichte.
Verlagshaus Berlin, Berlin 2015.

Haikal, Mustafa: *Auf der Spur des Löwen – 125 Jahre Zoo Leipzig.*
Verlag Pro Leipzig, Leipzig 2003.

Kirschnick, Sylke: *Manege frei – Kulturgeschichte des Zirkus.*
Konrad Theiss Verlag, Aalen 2012.

Schneider, Karl Max: *Mutterliebe bei Tieren.*
A. Ziemsen Verlag, Lutherstadt Wittenberg 1956.

Schneider, Karl Max (Hg.): *Vom Leipziger Zoo.*
Akademische Verlagsgesellschaft Geest & Portig, Leipzig 1953.

Seifert, Siegfried (Hg.): *Leipziger Zoogeschichte in Bildern.*
Zoologischer Garten Leipzig, Leipzig 1990.

Seifert, Siegfried (Hg.): *Mit dem Tier auf Du und Du.*
Tierzeichnungen von Alfred Will und Zoologische Beiträge.
VEB E. A. Seemann Verlag Leipzig, Leipzig 1988

Winkler, Dietmar: *Zirkus in der DDR – Im Spagat zwischen Nische und Weltgeltung.* Ausführliche Geschichte des DDR-Zirkus von 1945 bis 1990.
Edition Schwarzdruck, Berlin 2009.

Abbildungsverzeichnis

Soweit nicht anders angegeben, alle Abbildungen aus der Privatsammlung von Carl-Christian Elze

01 _ Dr. Karl Elze mit Sibirischem Tigerkind

Fellhöhle
02 _ Frau Dr. Elze mit Sibirischem Tigerbaby im Zoo Leipzig
03 _ Weihnachtsfellhöhle
04 _ Fellhöhle
05 _ Junglöwen im Zoo Leipzig, Postkarte: *Bild und Heimat Reichenbach*
06 _ Kontaktaufnahme: Dr. Karl Elze mit Sibirischen Tigern
07 – 09 _ Leopardenspaziergang im Zoo Leipzig
10 _ Dr. Karl Elze mit Giraffenkind im Zoo Leipzig
11 _ Der junge Karl Elze
12 _ Eine Löwenmutter, Tierzeichnung von Heinrich Leutemann, aus: *Vom Leipziger Zoo*, herausgegeben von Professor Karl Max Schneider, Akademische Verlagsgesellschaft Geest & Portig, 1953, S. 193

Oda
13 _ Die Löwin »Oda« mit drei Jungtieren im Zoo Leipzig, um 1972, Aufg. v. Hans-Werner Schuldei, Archiv Zoo Leipzig
14 _ Leopard, Tierzeichnung von Alfred Will, aus: *Mit dem Tier auf Du und Du*, VEB E. A. Seemann Verlag Leipzig, 1988, S. 88
15 _ Männlicher Löwe, Tierzeichnung von Alfred Will, aus: *Mit dem Tier auf Du und Du*, VEB E. A. Seemann Verlag Leipzig, 1988, S. 89
16 _ Tieruntersuchung im Zoo Leipzig
17 _ Oberinspektor Albert Taatz mit zwei Junglöwen im Zoo Leipzig
18 _ Dr. Karl Elze mit Tierpfleger und Leopardenbaby im Zoo Leipzig
19 _ Carl-Christian Elze mit Grevyzebrakind »Christian« in der Tierklinik Leipzig, um 1984
20 – 22 _ Robert Elze in der Leipziger »Tigerfarm«, um 1971

Rhani
23 _ Am 17. November 1980 fiel die Elefantin »Rhani« in den Absperrgraben der Elefantenanlage und konnte nur mit Hilfe von Feuerwehr und Kran aus ihrer misslichen Lage befreit werden, aus: *Leipziger Zoogeschichte in Bildern*, herausgegeben vom Zoologischen Garten Leipzig, 1990, S. 93
24 _ Nilpferdmutter »Grete« mit ihrem acht Tage alten Kind, der späteren Berliner »Bulette«, um 1950, Aufg. v. F. Schröter, aus: *Mutterliebe bei Tieren* von Professor Karl Max Schneider, A. Ziemsen Verlag, 1956, S. 69
25 _ Elefantin »Rhani« (r.) als Prüfungsobjekt bei der jährlichen Facharbeiterprüfung im Zoo Leipzig, aus: *Leipziger Zoogeschichte in Bildern*, herausgegeben vom Zoologischen Garten Leipzig, 1990, S. 60 – 61
26 _ Dr. Karl Elze bei der Untersuchung eines Gorillas im Zoo Leipzig, aus: *Leipziger Zoogeschichte in Bildern*, herausgegeben vom Zoologischen Garten Leipzig, 1990, S. 92

27_ Flusspferdhochzeit im Zoo Berlin, aus: *Leipziger Zoogeschichte in Bildern*, herausgegeben vom Zoologischen Garten Leipzig, 1990, S. 44

Noch mehr Elefanten
28_ Carl-Christian Elze mit Elefantenkind im Zoo Leipzig, 1984
29_ Dr. Karl Elze und »Rhani« im Zoo Leipzig, um 1999
30_ Eine schwierige Dressur – die asiatische Elefantenkuh »Kiri« setzt den Fuß auf die Nase des Tierpflegers Günther Rückert, um 1955, Aufg. v. Fritz Schröter, Archiv Zoo Leipzig
31_ Elefantenbulle »Sahib« am Leipziger Nordplatz, aus: *Leipziger Zoogeschichte in Bildern*, herausgegeben vom Zoologischen Garten Leipzig, 1990, S. 63
32–35_ Zooarchitektur, 2015, © Sandra Schubert

Löwenparallelität
36_ Robert Elze mit Löwenbaby im Zoo Leipzig, um 1979
37_ Claire Heliot im Zoo Leipzig, Szenen ihres Dressurprogramms, 1898, Holzstich von Wilhelm Kuhnert (1865–1926), Archiv Zoo Leipzig
38_ Die schöne Samoanerin, Prinzessin FAI, um 1896, Aufg. v. Dr. A. Lehmann, aus: *Vom Leipziger Zoo*, herausgegeben von Professor Karl Max Schneider, Akademische Verlagsgesellschaft Geest & Portig, 1953, S. 77
39_ Claire Heliot auf dem »lebenden Teppich«, um 1899, aus: *Manege frei – Kulturgeschichte des Zirkus* von Sylke Kirschnick, Konrad Theiss Verlag, 2012, S. 135

Meerschweinchenkeller
40_ »Lissi« (Nummer unbekannt), um 1985
41_ Robert Elze (2. v. l.) mit Schulkameraden und Gorilla im Zoo Leipzig, um 1979
42_ Robert Elze mit Orang-Utan-Weibchen »Dunja« im Zoo Leipzig, um 1980
43_ Robert Elze (r.) vor dem Leipziger Zooschaufenster, 1976

Meerschweinchengeburt
44_ Robert Elze (l.) mit Freund und Meerschweinchen, um 1973

Tierklinik
45–47_ Operation »Bärenzunge« im Zoo Leipzig
48–50_ Der junge Karl Elze bei der Geburtshilfe in der Tierklinik Leipzig
51–54_ Ambulatorische und Geburtshilfliche Tierklinik Leipzig, 2017, © Sandra Schubert
55_ Dr. Karl Elze (r.) mit Ferkeln in der Tierklinik Leipzig
56_ Dr. Karl Elze mit Pferden
57_ Dr. Karl Elze bei der Trächtigkeitsuntersuchung einer Stute in der Tierklinik Leipzig

Zootiere – meine Patienten
58_ Karl Elze mit Katze auf dem elterlichen Bauernhof in Hauptmannsgrün/Vogtland
59–60_ Blutentnahme
61–64_ »Greifen«, Untersuchen und Behandeln der Tierpatienten im Zoo Leipzig
65_ Gisela Schuldei mit einem jungen Brillenbären in der künstlichen Aufzucht, Aufg. v. Ralf Hausmann, Archiv Zoo Leipzig

Abbildungsverzeichnis

66_ Flaschenkind mit »Vizemutter« Oberinspektor Hans-Werner Schuldei im Zoo Leipzig, Archiv Zoo Leipzig
67_ Kontaktaufnahme 1: Dr. Karl Elze mit halbwüchsigem Löwen im Zoo Leipzig
68_ Kontaktaufnahme 2: Dr. Karl Elze mit halbwüchsigem Sibirischen Tiger im Zoo Leipzig
69–74_ Kaiserschnitt bei einem Rhesusäffchen im Zoo Leipzig
75_ »Der stolze Vater«: Dr. Karl Elze nach geglücktem Kaiserschnitt
76_ Besprechung im Zootierärzteteam (v. l.): Dr. Karl Elze, Dr. Selbitz, Dr. Christa Bachmann

Zoomenschen

77_ Bärenschaufenster im Tierpark Berlin, Lehrquartett, Verlag für Lehrmittel Pößneck
78_ Professor Dr. Heinrich Dathe mit einem Leipziger Löwen, aus: *Leipziger Zoogeschichte in Bildern*, herausgegeben vom Zoologischen Garten Leipzig, 1990, S. 46
79_ Warnemünde, Lehrquartett, Verlag für Lehrmittel Pößneck
80_ Postkarte »Warnemünde Hotel ›Neptun‹ – Meeresbrandungsbad«
81_ Cartoon: Malaienbärenkind »Evi« und »Vizemutter« Professor Dathe, aus: *Bäreneltern wider Willen*, A. Ziemsen Verlag, 1967, S. 10
82–84_ Malaienbärenkind »Evi«, geboren am 4. April 1961, wurde von Familie Dathe im Tierpark Berlin großgezogen, weil sich Bärenmutter »Tschita« nicht genügend kümmerte, aus: *Bäreneltern wider Willen*, A. Ziemsen Verlag, 1967, S. 45, 71, 95

Zirkus

85_ Gilbert Houcke mit seiner Tigergruppe im Circus Busch, um 1943, aus: *Circus Busch – Geschichte einer Manege in Berlin*, be.bra Verlag, 1998, S. 90
86_ Ursula Böttcher mit ihren Eisbären, 1983, aus: *Manege frei – Kulturgeschichte des Zirkus* von Sylke Kirschnick, Konrad Theiss Verlag, 2012, S. 139
87_ Briefmarkenserie »Zirkuskunst in der DDR«, 1978
88_ Frau Dr. Elze mit Sibirischem Tigerbaby im Zoo Leipzig
89_ »König der Tiere«, Dressurnummer von Julius Seeth, aus: *Manege frei – Kulturgeschichte des Zirkus* von Sylke Kirschnick, Konrad Theiss Verlag, 2012, S. 129
90_ Der Rad fahrende Elefant »Bijoya« im Zirkus Krone, aus: *Manege frei – Kulturgeschichte des Zirkus* von Sylke Kirschnick, Konrad Theiss Verlag, 2012, S. 150
91_ Dr. Karl Elze mit Elefantengruppe im Zoo Leipzig

Weiße Wölfe

92_ Karl Elze mit seiner Hündin »Ali« in Hauptmannsgrün, um 1950

Hund

93_ Sandy Elze, 2014, © Christoph Busse

Impressum

Von diesem Buch erscheint eine in Leinen gebundene, auf 50 Exemplare limitierte und vom Autor mit Hand signierte Vorzugsausgabe zum Preis von 49,00 EURO. Davon 20 römisch nummerierte für Autor und Verlag, 30 arabisch nummerierte für den Verkauf.

Weiterhin erscheint eine in Leder gebundene, auf 20 Exemplare limitierte und vom Autor mit Hand signierte Luxusausgabe zum Preis von 99,00 EURO. Davon 5 römisch nummerierte für Autor und Verlag, 15 arabisch nummerierte für den Verkauf.

Bestellungen bitte direkt an den Verlag:
kreuzerbooks, Kreuzstraße 12, 04103 Leipzig
oder vertrieb@kreuzerbooks.de

1. Tausend, März 2018
© kreuzerbooks Leipzig 2018
Ein Imprint der KREUZER Medien GmbH
www.kreuzerbooks.de
Buchgestaltung: Katharina Triebe
Fotografische Gestaltung, Lithografie: Sandra Schubert
Foto Umschlagrückseite: Carl-Christian Elze, 2016, © Sascha Kokot
Korrektur: Jana Schletter
Herstellung: Die Werft – Kommunikationsdesign, www.diewerft.de
Druck: FRITSCH Druck GmbH, Leipzig
ISBN 978-3-96414-000-5

Vielen Dank für eure Unterstützung

Sandra Schubert, Jana Schletter, Silke Giersch,
Tanja Kirmse, Katharina Triebe, Egbert Pietsch,
Andreas Raabe, Helmut Höge, Robert Elze
und Janin Wölke-Elze